新编高等职业教育电子信息、机电类规划教材·应用电子技术专业

数字电子技术项目教程
（第3版）

谢兰清　黎艺华　主　编
　　　　　余　鹏　副主编
　　　　　张　翔　主　审

电子工业出版社
Publishing House of Electronics Industry
北京·BEIJING

内 容 简 介

本书根据高职高专教育的特点,以高职院校电类相关专业的人才培养目标为根本,以毕业生职业岗位的能力为依据,强调对学生应用能力和实践能力的培养,重点突出职业特色。

本书依据《数字电子技术》教学大纲的要求,以数字电子技术中的典型项目为载体,将教学内容按项目模块编写,全书的内容包括:简单抢答器的制作、产品质量检测仪的设计与制作、一位加法计算器的设计与制作、电动机运行故障监测报警电路的制作、由触发器构成的改进型抢答器的制作、数字电子钟的设计与制作、叮咚门铃电路的制作、数字电压表的设计与制作、锯齿波发生器的设计与制作等。以完成工作任务为主线,链接相应的理论知识和技能实训,融"教、学、做"为一体,充分体现课程改革的新理念。本教材适合边教、边学、边做的教学方法。

本书中穿插一些"小知识"、"小技能"、"思考"、"小问答"等小栏目,突出实际工作中的重点,并使全书形式活泼。本书配有教学课件、教学大纲、教学指导教案及试题库等教学辅助资料。

本书实用性强,可作为高职高专院校电子信息类专业的教材,也可供从事相应工作的技术人员参考。

未经许可,不得以任何方式复制或抄袭本书之部分或全部内容。
版权所有,侵权必究。

图书在版编目(CIP)数据

数字电子技术项目教程 / 谢兰清,黎艺华主编. —3 版. —北京:电子工业出版社,2017.1
ISBN 978-7-121-30542-9

Ⅰ. ①数… Ⅱ. ①谢… ②黎… Ⅲ. ①数字电路-电子技术-高等学校-教材 Ⅳ. ①TN79

中国版本图书馆 CIP 数据核字(2016)第 290032 号

策　　划:陈晓明
责任编辑:郭乃明　　特约编辑:范　丽
印　　刷:涿州市京南印刷厂
装　　订:涿州市京南印刷厂
出版发行:电子工业出版社
　　　　　北京市海淀区万寿路 173 信箱　邮编 100036
开　　本:787×1 092　1/16　印张:12　字数:307 千字
版　　次:2010 年 2 月第 1 版
　　　　　2017 年 1 月第 3 版
印　　次:2021 年 7 月第 9 次印刷
定　　价:29.00 元

凡所购买电子工业出版社图书有缺损问题,请向购买书店调换。若书店售缺,请与本社发行部联系,联系及邮购电话:(010)88254888,88258888。

质量投诉请发邮件至 zlts@phei.com.cn,盗版侵权举报请发邮件至 dbqq@phei.com.cn。
本书咨询联系方式:(QQ)34825072。

前　言

《数字电子技术项目教程》教材为"十一五"期间广西高等学校重点教材立项项目，2010 年 2 月由电子工业出版社正式出版，其配套教学课件荣获第七届广西高等教育软件大赛评比三等奖。该教材打破传统学科体系，构建能力本位、项目主体、任务中心的课程模式，围绕项目和任务展开课程内容，全面培养学生的专业能力、方法能力和社会能力等综合职业能力。教材彰显了以人为本，以教师为主导、学生为主体的教育理念，出版三年以来，获得使用师生的一致好评，取得了良好的教学效果，学生的动手操作能力，分析问题、解决问题以及综合应用能力明显提高。

《数字电子技术项目教程》(第 3 版)教材根据教学及教学改革的需要，在第 2 版的基础上进行修订和完善。如降低一些项目的设计难度，增加一些课外制作项目等。

本教材在如下方面体现出高职教育的特色：

（1）将理论教学与实践教学融于一体，适合边教、边学、边做的教学方法。全书共安排了 9 个项目，围绕项目和任务展开课程教学内容及相关技能实训，通过项目化、模块化的课程实现理论与实践的密切结合。

（2）着眼应用。特别是集成电路强调以应用为主，对集成电路内部分析不作要求，并且削减分立电路，突出集成电路。

（3）把握理论上的"度"。数字电子技术是当前发展较快的学科之一，其发展主要体现在数字电路器件与系统的设计方法、制作技术，以及对数字信号处理的方法上。对于数字电子技术部分的课程教学，本书力图以"必需、够用"为度，从了解技术的发展趋势出发，简单介绍可编程逻辑器件。

（4）可操作性强。本教材的实践项目不仅实用性强，而且可操作性强。通过编者的教学实践表明，高职学生都能够在教师的指导下，很好地完成各项目的电路设计与制作工作，并使之实现相应的电路功能。

本书的参考学时如下：

课　程　内　容	学时	课　程　内　容	学时
项目 1. 简单抢答器的制作	12	项目 6. 数字电子钟的设计与制作	16
项目 2. 产品质量检测仪的设计与制作	8	项目 7. 叮咚门铃的制作	6
项目 3. 一位加法计算器的设计与制作	16	项目 8. 数字电压表的设计与制作	10
项目 4. 电动机运行故障监测报警电路的制作	6	项目 9. 锯齿波发生器的设计与制作	8
项目 5. 由触发器构成的改进型抢答器的制作	8	合计	90

本教材由谢兰清、黎艺华担任主编，并共同策划了全书内容及组织结构，其中黎艺华编写项目 4、7、8、9，余鹏编写项目 6，谢兰清编写绪论、项目 1、2、3、5，并由谢兰清

负责全书统稿。

  本教材由广西经贸职业技术学院院长张翔教授担任主审，张翔教授在百忙之中对全部书稿进行了详细的审阅，并提出了许多宝贵意见，在此表示衷心感谢！本教材在编写过程中，还得到了行业企业专家柳州电子研究所所长李达高级工程师的支持，他对教材项目的选择和提炼进行了具体的指导，在此也表示衷心感谢！由于编者水平有限，时间仓促，书中难免有疏漏之处，殷切希望使用本教材的师生和读者批评指正。

编 者
2016年10月

目 录

绪论 ··· (1)
项目1 简单抢答器的制作 ·· (5)
  1.1 【工作任务】 简单抢答器的制作 ··· (5)
  1.2 【知识链接】 逻辑代数的基本知识 ··· (7)
    1.2.1 逻辑变量和逻辑函数 ··· (7)
    1.2.2 逻辑运算 ·· (8)
    1.2.3 逻辑函数的表示方法 ·· (12)
    1.2.4 逻辑代数的基本定律 ·· (13)
  1.3 【知识链接】 逻辑门电路的基础知识 ·· (14)
    1.3.1 基本逻辑门 ·· (14)
    1.3.2 复合逻辑门 ·· (16)
    1.3.3 TTL集成门电路 ·· (17)
    1.3.4 CMOS集成门电路 ··· (22)
  1.4 【任务训练】 常用集成门电路的逻辑功能测试 ······································· (25)
  1.5 【知识拓展】 不同类型集成门电路的接口 ·· (29)
    1.5.1 TTL集成门电路驱动CMOS集成门电路 ··· (30)
    1.5.2 CMOS集成门电路驱动TTL集成门电路 ··· (30)
  1.6 【知识拓展】 面包板的使用 ·· (31)
  本章小结 ··· (32)
  习题1 ··· (32)
项目2 产品质量检测仪的设计与制作 ··· (35)
  2.1 【工作任务】 产品质量检测仪的制作 ·· (35)
  2.2 【知识链接】 逻辑函数的化简方法 ··· (38)
    2.2.1 公式化简法 ·· (38)
    2.2.2 卡诺图化简法 ··· (39)
  2.3 【知识链接】 组合逻辑电路的分析与设计 ·· (44)
    2.3.1 组合逻辑电路概述 ··· (44)
    2.3.2 组合逻辑电路的分析 ·· (44)
    2.3.3 组合逻辑电路的设计 ·· (45)
  2.4 【训练任务1】 产品质量检测仪的设计 ·· (46)
  2.5 【训练任务2】 四人表决器的设计与制作 ··· (47)
  本章小结 ··· (49)
  习题2 ··· (49)

项目3 一位加法计算器的设计与制作 (51)

- 3.1 【工作任务】 一位加法计算器的设计与制作 (51)
- 3.2 【知识链接】 数制与编码的基础知识 (55)
  - 3.2.1 数制 (55)
  - 3.2.2 不同数制之间的转换 (56)
  - 3.2.3 编码 (57)
- 3.3 【知识链接】 编码器 (58)
  - 3.3.1 二进制编码器 (58)
  - 3.3.2 二-十进制编码器 (59)
- 3.4 【知识链接】 译码器 (60)
  - 3.4.1 二进制译码器 (60)
  - 3.4.2 二-十进制译码器 (61)
  - 3.4.3 译码器的应用 (62)
- 3.5 【任务训练】 译码器逻辑功能测试及应用 (63)
- 3.6 【知识链接】 数字显示电路 (65)
  - 3.6.1 数码显示器件 (65)
  - 3.6.2 显示译码器 (66)
- 3.7 【任务训练】 计算器数字显示电路的制作 (69)
- 3.8 【知识链接】 加法器 (71)
  - 3.8.1 半加器 (71)
  - 3.8.2 全加器 (72)
  - 3.8.3 多位加法器 (73)
- 3.9 【知识链接】 寄存器 (74)
- 本章小结 (75)
- 习题3 (76)

项目4 电动机运行故障监测报警电路的制作 (79)

- 4.1 【工作任务】 电动机运行故障监测报警电路的制作 (79)
- 4.2 【知识链接】 数据选择器与数据分配器 (81)
  - 4.2.1 数据选择器 (81)
  - 4.2.2 数据分配器 (83)
- 4.3 【任务训练】 数据选择器的功能测试及应用 (83)
- 4.4 【知识拓展】 大规模集成组合逻辑电路 (85)
  - 4.4.1 存储器的分类 (86)
  - 4.4.2 只读存储器（ROM）的结构原理 (86)
  - 4.4.3 可编程逻辑阵列 PLA (89)
- 本章小结 (89)
- 习题4 (90)

项目5 由触发器构成的改进型抢答器的制作 (92)

- 5.1 【工作任务】 由触发器构成的改进型抢答器的制作 (92)

5.2 【知识链接】 触发器的基础知识 ·· (95)
　　5.2.1 基本 RS 触发器 ·· (96)
　　5.2.2 同步 RS 触发器 ·· (97)
　　5.2.3 主从触发器 ·· (98)
　　5.2.4 边沿触发器 ·· (99)
5.3 【知识链接】 常用集成触发器的产品简介 ·································· (99)
　　5.3.1 集成 JK 触发器 ·· (99)
　　5.3.2 集成 D 触发器 ··· (100)
5.4 【知识拓展】 触发器的转换 ·· (101)
　　5.4.1 JK 触发器转换为 D 触发器 ··· (101)
　　5.4.2 JK 触发器转换为 T 触发器和 T' 触发器 ···························· (102)
　　5.4.3 D 触发器转换为 T 触发器 ··· (102)
本章小结 ·· (103)
习题 5 ·· (103)

项目 6 数字电子钟的设计与制作 ·· (106)

6.1 【工作任务】 数字电子钟的设计与制作 ·································· (106)
6.2 【知识链接】 计数器及应用 ·· (112)
　　6.2.1 二进制计数器 ·· (112)
　　6.2.2 十进制计数器 ·· (114)
　　6.2.3 实现 N 进制计数器的方法 ··· (117)
6.3 【任务训练】 计数、译码和显示电路综合应用 ······················ (120)
6.4 【知识链接】 数字电子钟的电路组成与工作原理 ·················· (123)
　　6.4.1 电路组成 ·· (123)
　　6.4.2 电路工作原理 ·· (123)
本章小结 ·· (127)
习题 6 ·· (127)

项目 7 叮咚门铃的制作 ·· (129)

7.1 【工作任务】 叮咚门铃的制作 ·· (129)
7.2 【知识链接】 555 定时器及应用 ··· (131)
　　7.2.1 555 定时器的电路结构及其功能 ··· (132)
　　7.2.2 555 定时器构成多谐振荡器 ··· (133)
　　7.2.3 555 定时器构成单稳态触发器 ··· (137)
　　7.2.4 555 定时器构成施密特触发器 ··· (139)
7.3 【任务训练】 救护车（消防车）变音警笛电路的制作 ·········· (142)
本章小结 ·· (145)
习题 7 ·· (145)

项目 8 数字电压表的设计与制作 ·· (148)

8.1 【工作任务】 数字电压表的设计与制作 ·································· (148)
8.2 【知识链接】 模/数转换器（A/D 转换器）······························ (151)

· VII ·

  8.2.1　A/D 转换器的基本原理 ………………………………………………………（152）
  8.2.2　并行比较 A/D 转换电路 ………………………………………………………（153）
  8.2.3　A/D 转换器的主要技术指标 …………………………………………………（154）
  8.2.4　三位半集成 ADC 芯片 MC14433 ……………………………………………（154）
 本章小结 ……………………………………………………………………………………（156）
 习题 8 ………………………………………………………………………………………（156）
项目 9　锯齿波发生器的设计与制作 …………………………………………………………（158）
 9.1　【工作任务】　锯齿波发生器的设计与制作 ………………………………………（158）
 9.2　【知识链接】　数/模转换器（D/A 转换器）………………………………………（160）
  9.2.1　权电阻网络 D/A 转换电路 ……………………………………………………（161）
  9.2.2　R-2R 倒 T 形电阻网络 D/A 转换电路 ………………………………………（162）
  9.2.3　D/A 转换器的主要技术指标 …………………………………………………（164）
  9.2.4　8 位集成 DAC 芯片 DAC0832 …………………………………………………（164）
 本章小结 ……………………………………………………………………………………（166）
 习题 9 ………………………………………………………………………………………（166）
附录 ……………………………………………………………………………………………（168）
 附录 A　74 系列集成芯片型号、名称对照表 …………………………………………（168）
 附录 B　常见集成芯片管脚图 …………………………………………………………（171）
参考文献 ………………………………………………………………………………………（181）

绪　　论

一、数字信号和模拟信号

在我们周围存在着许多物理量,我们分析它们的信号波形可以发现有两种性质不同的物理量（见图 0.1 和图 0.2）。

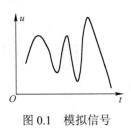
图 0.1　模拟信号

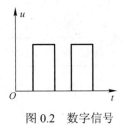
图 0.2　数字信号

1．模拟信号

在时间、数值上均连续的信号。即,数值随时间作连续变化的信号。典型的代表有温度、速度、压力、磁场、电场等物理量通过传感器变成的电信号。

2．数字信号

在时间和数值上均离散的信号。即,在时间上是不连续的,在数值上也是不连续的信号。典型的代表是方波。

二、数字电路和模拟电路

1．模拟电路

用于传递、处理模拟信号的电子线路。其输入信号为模拟信号,输出信号也为模拟信号。模拟电路已经渗透到各个领域,如无线电通信、工业自动控制、电子仪器仪表、以及文化生活中的电视、录音、录像等家用电器中（也有采用数字电路的）。

2．数字电路

用于传递、处理数字信号的电子线路。其输入信号为数字信号,或输出信号为数字信号。即,能够实现对数字信号的传输、逻辑运算、控制、记数、寄存、显示及脉冲信号的产生和转换。数字电路被广泛地应用于数字电子计算机、数字通信系统、数字式仪表、数字控制装置及工业逻辑系统等领域。

例如,对某一机械零件生产线的产品进行自动计数。如图 0.3（a）所示,当一个零件从电光源与光电传感器之间穿过时,光电传感器被遮挡一次,相应产生一个电信号；没有零件通过时，光电传感器不产生信号。电信号经过放大、整形处理，波形如图 0.3（b）所示。将该矩形脉冲送入计数器，计数器累计的脉冲个数就是产品传送的个数。计数器中的数值再经寄存、译码，最后通过显示器直接显示出来。

在上述简单的例子中，已涉及脉冲信号的放大整形、脉冲信号的发生、控制、计数、寄存、译码、显示等典型的数字单元电路。数字电路包含的内容是广泛的，本书除主要研究上述各种基本单元电路外，还将介绍常用的数字部件，如存储器、数/模转换器和模/数转换器等。

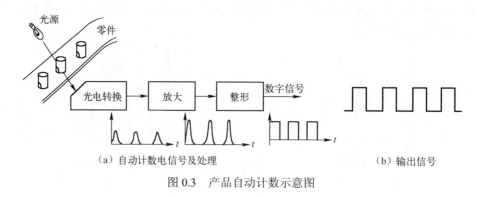

图 0.3　产品自动计数示意图

三、数字电路的优点和应用概述

1. 数字电路的优点

（1）便于集成生产，通用性强，使用方便，如计算机。
（2）工作可靠性高、抗干扰能力强，如数字通信。
（3）易于存储、加密、压缩、传输和再现，如光盘和数字通信。

2. 数字电路的应用

目前，数字电路在数字通信、电子计算机、自动控制、电子测量仪器等方面已得到广泛的应用。

（1）数字通信。用数字电路构成的数字通信系统与传统的模拟通信系统比较，不仅抗干扰能力强，保密性能好、适于多路远程传输，而且还能应用于计算机进行信息处理和控制，实现以计算机为中心的自动交换通信网。

（2）电子计算机。以数字电路构成的数字计算机处理信息能力强、运算速度快、工作稳定可靠，便于参与过程控制。

（3）自动控制。数字电路构成的自动控制系统具有快速、灵敏、精确等特点，如数控机床、电厂参数的远距离测控、卫星测控等。

（4）电子测量仪器。用数字电路构成的测量仪器与模拟测量仪器比较，不仅测量精度高、测试功能强，而且便于进行数据处理，实现测量自动化、智能化。

以上仅概括说明了数字电路的一些应用。实际上，数字电路的应用是广泛的。随着数字电路应用领域的扩大，数字电子技术将更深入地渗透到国民经济各个部门中去，并产生越来越深刻的影响。因此，数字电子技术是现代电子工程技术人员必须掌握的一门技术基础知识。

四、数字电路的分类

（1）按电路结构不同，可分为分立电路和集成电路两种。

分立电路由二极管、三极管、电阻、电容等元件组成。集成电路则通过半导体制造工艺将这些元件做在一片芯片上。

随着集成电路技术的不断发展，具有体积小、重量轻、功耗小、价格低、可靠性高等特点的集成电路会逐步代替体积大、可靠性不高的分立电路。

集成电路按集成程度的不同可再细分为小、中、大、超大规模集成电路。

每片小规模集成电路（SSI）含有 10～100 个元件，如逻辑门、触发器等逻辑单元电路；每片中规模集成电路（MSI）含有 100～1000 个元件，如计数器、译码器、编码器、数据选择器、寄存器、算术运算器、数值比较器、转换电路等逻辑部件；每片大规模集成电路（LSI）含有 1000～10000 个元件，如中央控制器、存储器、转换电路等逻辑系统；每片超大规模集成电路（VLSI）含有超过 1 万个元件，如单片机等高集成度的数字逻辑电路。

（2）按制作工艺不同，可分为双极型和单极型两类。

双极型电路即 TTL 型，是晶体管—晶体管逻辑门电路的简称，主要由双极型三极管组成。TTL 集成电路生产工艺成熟，产品参数稳定，工作可靠，开关速度高，因此应用广泛。单极型电路即 MOS 型，是金属—氧化物—半导体场效应管门电路的简称，主要由场效应管级成，优点是低功耗，抗干扰能力高。

（3）按结构和工作原理不同，可分为组合逻辑电路和时序逻辑电路两类。

如果一个逻辑电路在任何时刻的输出状态只取决于当时的输入状态，与电路原来的状态无关，则该电路称为组合逻辑电路。如果在任一时刻，电路的输出状态不仅取决于当时的输入状态，还与前一时刻的状态有关，则该电路称为时序逻辑电路。

五、学习方法

根据本课程的特点和专业需要，在学习过程中应注意以下几点。

1. 注重掌握基本概念、基本原理、基本分析和设计方法

数字电子技术发展很快，各种用途的电路千变万化，但它们具有共同的特点，所包含的基本原理、基本分析和设计方法是相通的。我们要学习的不是各种电路的简单罗列，不是死记硬背各种电路，而是要掌握它们的基本概念、基本原理、基本分析与设计方法。只有这样才能对给出的任何一种电路进行分析，或者根据要求设计出满足实际需要的数字电路。

2. 抓重点，注重掌握功能部件的外特性

数字集成电路的种类很多，各种电路的内部结构及内部工作过程千差万别，特别是大规模集成电路的内部结构更为复杂。学习这些电路时，不可能也没有必要一一记住它们，主要是了解电路结构特点及工作原理，重点掌握它们的外部特性（主要是输入和输出之间的逻辑功能）和使用方法，并能在此基础上正确地利用各类电路完成满足实际需要的逻辑设计。

3. 注意理论联系实际

数字电子技术是一门实践性和应用性很强的学科，许多应用电路的设计与制作经过理论分析和计算得到的设计结果还必须搭建实际电路进行测试，以检验是否满足设计要求。因此本书均从最基本的应用实例出发，由实际问题入手，通过指导同学们完成各项工作任务，学习相关知识和理论，引出相关概念及相关电路，将技能训练和理论学习相结合，以达到学习要求。

项目 1　简单抢答器的制作

能力目标

（1）会识别和测试常用 TTL、CMOS 集成电路产品。
（2）能完成简单抢答器的制作。

知识目标

了解数字逻辑的概念，理解与、或、非三个基本逻辑关系。熟悉逻辑代数的基本定律和常用公式。掌握逻辑函数的正确表示方法。熟悉逻辑门电路的逻辑功能，了解集成逻辑门的常用产品，掌握集成逻辑门的正确使用。

1.1　【工作任务】　简单抢答器的制作

工作任务单

（1）小组制订工作计划。
（2）识别抢答器原理图，明确元件连接和电路连线。
（3）画出布线图。
（4）完成电路所需元件的购买与检测。
（5）根据布线图制作抢答器电路。
（6）完成抢答器电路功能检测和故障排除。
（7）通过小组讨论完成电路的详细分析及编写项目实训报告。
简单抢答器实物图和电路图如图 1.1、图 1.2 所示。

图 1.1　简单抢答器实物图

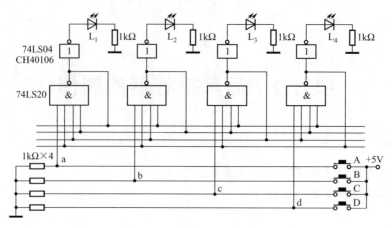

图 1.2 简单抢答器电路图

1. 实训目标

（1）了解集成逻辑门芯片的结构特点。
（2）体验由集成逻辑门实现复杂逻辑关系的一般方法。
（3）掌握集成逻辑门的正确使用。

2. 实训设备与器件

实训设备：数字电路实验装置 1 台

实训器件：双四输入与非门 74LS20 2 片，六非门 74LS04（或 CH40106） 1 片，发光二极管 4 只，1kΩ 电阻 8 个，按钮开关 4 个，面包板、配套连接线等。

3. 实训电路与说明

（1）逻辑要求。用集成门电路构成简易型四人抢答器。A、B、C、D 为抢答操作按钮开关。任何一个人先将某一开关按下且保持闭合状态，则与其对应的发光二极管（指示灯）被点亮，表示此人抢答成功；而紧随其后的其他开关再被按下，与其对应的发光二极管则不亮。

（2）电路组成。实训电路如图 1.2 所示，电路中采用了两种不同的集成门电路，其中，74LS20 为双四输入与非门，可以实现 4 个输入信号与非的逻辑关系。74LS04 为六非门，也称为反相器，可以实现非逻辑关系。

（3）电路的工作过程。初始状态（无开关按下）时，a、b、c、d 端均为低电平，各与非门的输出端为高电平，反相器的输出则都为低电平（小于 0.7V），因此全部发光二极管都不亮。当某一开关被按下后（如开关 A 被按下），则与其连接的与非门的输入端变为高电平，该与非门的输出端与其他 3 个与非门的输入端相连，它输出的低电平维持其他 3 个与非门输出高电平，因此其他发光二极管都不亮。

4. 实训电路的安装与功能验证

（1）安装。按正确方法插好 IC 芯片，参照图 1.2 所示连接线路。电路可以连接在自制的 PCB（印制电路板）上，也可以焊接在万能板上，或通过"面包板"插接。

(2) 功能验证。

① 通电后,分别按下 A、B、C、D 各键,观察对应指示灯是否点亮。

② 当其中某一指示灯点亮时,再按其他键,观察其他指示灯的变化。

③ 分别测试 IC 芯片输入、输出管脚的电平变化,自拟表格记录测试结果。用 A、B、C、D 表示按键开关,"×"表示开关动作无效;L_1、L_2、L_3、L_4 表示 4 个指示灯的状态。按键闭合或指示灯亮用"1"表示,开关断开或指示灯灭用"0"表示。

5. 完成电路的详细分析及编写项目实训报告

完成电路的详细分析及编写项目实训报告。

6. 实训考核

简单抢答器的制作工作过程考核表如表 1.1 所示。

表 1.1 简单抢答器的制作工作过程考核表

项 目	内 容	配分	考核要求	扣分标准	得分
工作态度	1. 工作的积极性 2. 安全操作规程的遵守情况 3. 纪律遵守情况	30 分	积极参加工作,遵守安全操作规程和劳动纪律,有良好的职业道德和敬业精神	违反安全操作规程扣 20 分,不遵守劳动纪律扣 10 分	
电路安装	1.安装图的绘制 2.按照电路图接好电路	40 分	电路安装正确且符合工艺规范	电路安装不规范,每处扣 2 分,电路接错扣 5 分	
电路的功能验证	1.简单抢答器的功能验证 2.自拟表格记录测试结果	30 分	1. 熟悉电路的逻辑功能 2. 正确记录测试结果	验证方法不正确扣 5 分 记录测试结果不正确扣 5 分	
合计		100 分			
注:各项配分扣完为止					

思考

逻辑门电路有多少种?在实际应用中我们应该如何选择逻辑门?例如,在上述实训电路中能否用其他门电路来实现?不同类型的门电路具有哪些特点?

1.2 【知识链接】 逻辑代数的基本知识

逻辑代数又称为布尔代数,是英国数学家乔治·布尔于 1847 年首先提出的。它是用于描述客观事物逻辑关系的数学方法。逻辑代数是分析和设计逻辑电路的主要数学工具。在逻辑代数中的"0"和"1"不表示数量的大小,只表示事物的两种对立的状态,即两种逻辑关系。例如,开关的通与断,灯的亮与灭,电位的高与低等。

1.2.1 逻辑变量和逻辑函数

下面以逻辑事件实例来介绍逻辑变量和逻辑函数的基本概念。如图 1.3 所示为常见的控制楼道照明的开关电路。两个单刀双掷开关 A 和 B 分别安装在楼上和楼下。上楼之前，在楼下开灯，上楼后关灯；反之下楼之前，在楼上开灯，下楼后关灯。开关与灯的逻辑关系见表1.2。

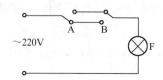

图 1.3　控制楼道照明的开关电路

设 A、B 分别代表上、下楼的两个开关，当 A、B 的闸刀合向上侧时为逻辑 0，合向下侧时为逻辑 1；F 表示灯，灯亮时为逻辑 1，灯灭时为逻辑 0，则开关 A、B 与灯 F 之间的逻辑关系可用表 1.3 表示，这种表征逻辑事件输入/输出之间全部可能状态的表格称为逻辑事件的真值表。

表 1.2　开关与灯的逻辑关系

开关 A	开关 B	灯
合向上	合向上	亮
合向上	合向下	灭
合向下	合向上	灭
合向下	合向下	亮

表 1.3　开关电路真值表

A	B	F
0	0	1
0	1	0
1	0	0
1	1	1

1. 逻辑变量

在真值表中的变量 A、B、F 均为仅有两个取值的变量，这种两值变量就称为逻辑变量。

用来表示条件的逻辑变量就是输入变量（如 A、B、C、…）；用来表示结果的逻辑变量就是输出变量（如 Y、F、L、Z、…）。字母上无反号的叫原变量（如 A），有反号的叫反变量（如 $\overline{A}$）。

2. 逻辑函数

在现实生活中的一些实际关系，会使某些逻辑量的取值互相依赖，或互为因果。例如，实例中开关的通、断决定了发光二极管的亮、灭，反过来也可以从发光二极管的状态推出开关的相应状态，这样的关系称为逻辑函数关系。它可用逻辑函数式（也称逻辑表达式）来描述，其一般形式为：$Y=f(A、B、C、…)$。

1.2.2　逻辑运算

逻辑运算即逻辑函数的运算，它包括基本逻辑运算和复合逻辑运算两类。

1. 基本逻辑运算

在逻辑代数中，最基本的逻辑关系有三种：与逻辑、或逻辑、非逻辑关系。相应地有三种最基本的逻辑运算：与运算、或运算、非运算。它们分别对应于三种基本的逻辑函数。其他任何复杂的逻辑运算都是由这三种基本运算组成的。下面就分别讨论这三种基本的逻辑运算。

（1）与逻辑。图1.4（a）所示是两个开关A、B和灯泡及电源组成的串联电路，这是一个简单的与逻辑电路。分析电路可知，只有当开关A和B都闭合时，灯泡F才会亮；A和B只要有一个断开或者全都断开，则灯泡灭。它们之间的逻辑关系可以用如图1.4（b）所示的真值表表示。"与"的含义是：只有当决定一事件的所有条件全部具备时，这个事件才会发生。逻辑与也叫逻辑乘。

在逻辑电路中，把能实现与运算的逻辑电路叫做与门，其逻辑符号如图1.4（c）所示。

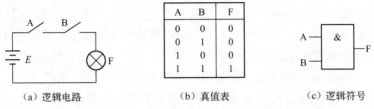

(a) 逻辑电路　　　　　　(b) 真值表　　　　　　(c) 逻辑符号

图1.4　与逻辑电路、真值表和逻辑符号

逻辑函数F与逻辑变量A、B的与运算表达式为：

$$F=A \cdot B$$

式中，"·"为逻辑与运算符，也可以省略。

对于多输入变量的与运算的表达式为：

$$F=ABCD\cdots$$

与运算的输入/输出关系为"有0出0，全1出1"。

 小问答

请列出具有三个输入变量的与逻辑F=ABC的真值表。

（2）或逻辑。图1.5（a）是一个简单的或逻辑电路。若逻辑变量A、B、F和前述的定义相同，通过分析电路显然可知：A、B中只要有一个为1，则F=1，即A=1、B=0，或A=0、B=1，或A=1、B=1时都有F=1；只有A、B全为0时，F才为0。其真值表如图1.5（b）所示。因此，"或"的含义是：在决定一事件的各条件中，只要有一个条件具备，这个事件就会发生。逻辑或也叫逻辑加。

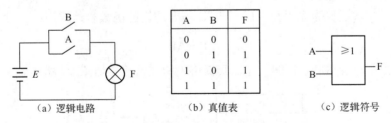

(a) 逻辑电路　　　　　　(b) 真值表　　　　　　(c) 逻辑符号

图1.5　或逻辑电路、真值表和逻辑符号

在逻辑电路中，把能实现或运算的逻辑电路叫做或门，其逻辑符号如图1.5（c）所示。逻辑函数F与逻辑变量A、B的或运算表达式为：

$$F=A+B$$

式中，"+"为逻辑或运算符。

对于多输入变量的或运算的表达式为：
$$F=A+B+C+D+\cdots$$
或运算的输入/输出关系为"有1出1，全0出0"。

 小问答

请列出具有4个输入变量的或逻辑 F=A+B+C+D 的真值表。

（3）非逻辑。如图 1.6（a）所示是一个简单的逻辑电路。分析电路可以知道，只有开关 A 断开的时候，灯泡 F 才亮。开关 A 对应于断开和闭合两种状态，灯泡 F 对应于亮和灭两种状态，这两种对立的逻辑状态我们可以用"0"和"1"来表示，但是它们并不代表数量的大小，只是表示了两种对立的可能。假设开关断开和灯泡不亮用"0"表示，开关闭合和灯泡亮用"1"表示，又可以得到图 1.6（b）所示的真值表。从真值表可以看出，"非"的含义为：当条件不具备时，事件才发生。

在逻辑电路中，把能实现非运算的逻辑电路叫做非门，其逻辑符号如图 1.6（c）所示。

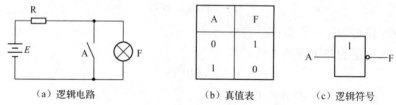

图 1.6 非逻辑电路、真值表和逻辑符号

对逻辑变量 A 进行逻辑非运算的表达式为：
$$F=\overline{A}$$

其中，$\overline{A}$ 读做 A 非或 A 反。注意在这个表达式中，变量（A、F）的含义与普通代数有本质的区别：无论输入量（A）还是输出量（F）都只有两种取值 0、1，没有第 3 种取值。

2. 复合逻辑运算

由与、或、非三种基本逻辑运算组合，可以得到复合逻辑运算，即复合逻辑函数。以下介绍常见的复合逻辑运算。

（1）与非。与非运算为先"与"后"非"，与非逻辑的函数表达式为：
$$F=\overline{AB}$$

表达式称为逻辑变量 A、B 的与非，其真值表和逻辑符号如图 1.7 所示。

A	B	F
0	0	1
0	1	1
1	0	1
1	1	0

(a) 真值表　　　　(b) 逻辑符号

图 1.7 与非 $F=\overline{AB}$ 的真值表和逻辑符号

与非运算的输入/输出关系是"有 0 出 1,全 1 出 0"。

(2) 或非。或非运算为先"或"后"非",或非逻辑的函数表达式为:
$$F = \overline{A+B}$$
表达式 $F = \overline{A+B}$ 称为逻辑变量 A、B 的或非,其真值表和逻辑符号如图 1.8 所示。

或非运算的输入/输出关系是"全 0 出 1,有 1 出 0"。

(3) 与或非。与或非运算为先"与"后"或"再"非",如图 1.9 为与或非逻辑符号。关于与或非真值表请读者作为练习自行列出。与或非逻辑的函数表达式为:
$$F = \overline{AB + CD}$$

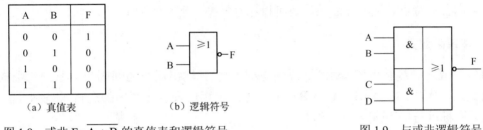

(a) 真值表　　　　(b) 逻辑符号

图 1.8　或非 $F = \overline{A+B}$ 的真值表和逻辑符号　　　图 1.9　与或非逻辑符号

 小问答

请列出具有 4 个输入变量的与或非逻辑 $F = \overline{AB + CD}$ 的真值表。

(4) 异或和同或。逻辑表达式 $F = \overline{A}B + A\overline{B}$ 表示 A 和 B 的异或运算,其真值表和逻辑符号如图 1.10 所示,从真值表中可以看出,异或运算的含义是:当输入变量相同时,输出为 0;当输入变量不同时,输出为 1。$F = \overline{A}B + A\overline{B}$ 又可以表示为 $F = A \oplus B$,符号"$\oplus$"读做"异或"。

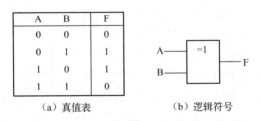

(a) 真值表　　　　(b) 逻辑符号

图 1.10　异或 $F = A\overline{B} + \overline{A}B$ 的真值表和逻辑符号

逻辑表达式 $F = \overline{A}\,\overline{B} + AB$ 表示 A 和 B 的同或运算,如图 1.3 所示的控制楼道照明的开关电路实例中所遇到的逻辑关系为同或运算。其真值表和逻辑符号如图 1.11 所示,这个真值表和实例中的表 1.3 是完全相同的。从真值表可以看出,同或运算的含义是:当输入变量相同时,输出为 1;当输入变量不同时,输出为 0。$F = \overline{A}\,\overline{B} + AB$ 又可以表示为 $F = A \odot B$,符号"$\odot$"读做"同或"。

通过图 1.10 和图 1.11 中的真值表也可以看出,异或和同或互为非运算,即
$$F = A \odot B = \overline{A \oplus B}$$

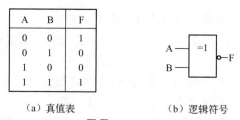

(a) 真值表　　　　　　(b) 逻辑符号

图 1.11　同或 $F = \overline{A}\,\overline{B} + AB$ 的真值表和逻辑符号

1.2.3　逻辑函数的表示方法

表示一个逻辑函数有多种方法，常用的有：逻辑函数表达式、真值表、卡诺图、逻辑图等。它们各有特点，又相互联系，还可以相互转换，现介绍如下。

1. 逻辑函数式

用与、或、非等基本逻辑运算来表示输入变量和输出函数之间因果关系的代数式，叫逻辑函数式，例如，F=A+B，Y=A·B+C+D 等。由真值表直接写出的逻辑式是标准的与-或逻辑式。写标准与-或逻辑式的方法是：

（1）把任意一组变量取值中的 1 代以原变量，0 代以反变量，由此得到一组变量的与组合，如 A、B、C 三个变量的取值为 110 时，则代换后得到的变量与组合为 $AB\overline{C}$。

（2）把逻辑函数值为 1 所对应的各变量的与组合进行逻辑加，便得到标准的与-或逻辑式。

2. 真值表

在前面的论述中，已经多次用到真值表。真值表是根据给定的逻辑问题，把输入逻辑变量各种可能取值的组合和对应的输出函数值排列成的表格。它表示了逻辑函数与逻辑变量各种取值之间的一一对应关系。逻辑函数的真值表具有唯一性，若两个逻辑函数具有相同的真值表，则这两个逻辑函数必然相等。当逻辑函数有 n 个变量时，共有 2^n 个不同的变量取值组合。在列真值表时，为避免遗漏，变量取值的组合应按照 n 位自然二进制数递增的顺序排列。用真值表表示逻辑函数的优点是直观、明了、可直接看出逻辑函数值与变量取值之间的关系。表 1.4 分别列出了两个变量与、或、与非及异或逻辑函数的真值表。下面举例说明列真值表的方法。

表 1.4　两变量函数真值表

变量		函数			
A	B	AB	A+B	$\overline{AB}$	A⊕B
0	0	0	0	1	0
0	1	0	1	1	1
1	0	0	1	1	1
1	1	1	1	0	0

例 1.1　列出函数 $F = \overline{AB}$ 的真值表。

解：该函数有两个输入变量，共有 4 种输入取值组合，分别将它们代入函数表达式，并进行求解，可得到相应的输出函数值。将输入、输出值一一对应列出，即可得到如表 1.5 所示的真值表。

例 1.2　列出函数 $F = AB + \overline{AC}$ 的真值表。

解：该函数有三个输入变量，共有 $2^3=8$ 种输入取值组合，分别将它们代入函数表达式，并进行求解，可得到相应的输出函数值。将输入、输出值一一对应列出，即可得到如

表 1.6 所示的真值表。

表 1.5 函数 $F=\overline{AB}$ 的真值表

A	B	F
0	0	1
0	1	1
1	0	1
1	1	0

表 1.6 函数 $F=AB+\overline{AC}$ 的真值表

A	B	C	F
0	0	0	0
0	0	1	1
0	1	0	0
0	1	1	1
1	0	0	0
1	0	1	0
1	1	0	1
1	1	1	1

注意：在列真值表时，输入变量的取值组合应按照二进制递增的顺序排列，这样做既不易遗漏，也不会重复。

3．卡诺图

卡诺图是图形化的真值表。如果把各种输入变量取值组合下的输出函数值填入一种特殊的方格图中，即可得到逻辑函数的卡诺图。对卡诺图的详细介绍参见项目 2。

4．逻辑电路图

由逻辑符号表示的逻辑函数的图形称为逻辑电路图，简称逻辑图。例如，$F=\overline{\overline{\overline{A\cdot B}\cdot\overline{A\cdot B}}}$ 的逻辑图如图 1.12 所示。

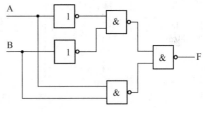

图 1.12 $F=\overline{\overline{\overline{A\cdot B}\cdot\overline{A\cdot B}}}$ 的逻辑图

1.2.4 逻辑代数的基本定律

逻辑代数表示的是逻辑关系，而不是数量关系，这是它与普通代数的本质区别。逻辑代数的基本定律显示了逻辑运算应遵循的基本规律，是化简和变换逻辑函数的基本依据，这些定律有其独自具有的特性，但也有一些和普通代数相似之处，因此要严格区分，不能混淆。

在逻辑代数中只有逻辑乘（"与"逻辑）、逻辑加（"或"逻辑）和求反（"非"逻辑）三种基本运算。根据这三种基本运算可以导出逻辑运算的一些法则和定律，如表 1.7 所示。

表 1.7 逻辑代数的基本法则和定律

0-1 定律	A+1=1	A·0=0
自等律	A+0=A	A·1=A
重叠律	A+A=A	A·A=A
互补律	$A+\overline{A}=1$	$A\cdot\overline{A}=0$
交换律	A+B=B+A	A·B=B·A
结合律	(A+B)+C=A+(B+C)	(A·B)·C=A·(B·C)
分配律	A(B+C)=A·B+A·C	A+B·C=(A+B)(A+C)
非非律	$\overline{\overline{A}}=A$	
吸收律	A+AB=A $A+\overline{A}B=A+B$	A·(A+B)=A $A\cdot(\overline{A}+B)=AB$
对合律	$AB+A\overline{B}=A$	$(A+B)\cdot(A+\overline{B})=A$
反演律	$\overline{A+B}=\overline{A}\cdot\overline{B}$	$\overline{A\cdot B}=\overline{A}+\overline{B}$

1.3 【知识链接】 逻辑门电路的基础知识

1.3.1 基本逻辑门

逻辑门电路是指能实现一些基本逻辑关系的电路，简称"门电路"或"逻辑元件"，是数字电路的最基本单元。门电路通常有一个或多个输入端，输入与输出之间满足一定的逻辑关系。实现基本逻辑运算的电路称为基本门电路，基本门电路有与门、或门、非门。

门电路可以由二极管、三极管及阻容等分立元件构成，也可由 TTL 型或 CMOS 型集成电路构成。目前所使用的门电路一般是集成门电路。

最基本的逻辑关系有三种：与逻辑、或逻辑和非逻辑，与之相对应的逻辑门电路有与门、或门和非门。它们的逻辑关系、逻辑表达式、电路组成、逻辑功能及符号，如表 1.8 所示。

表 1.8 三种基本逻辑门

逻辑关系	逻辑表达式	电路组成	逻辑功能简述	逻辑符号
与	$Y=A \cdot B$		全1出1 见0出0	
或	$Y=A+B$		全0出0 见1出1	
非	$Y=\overline{A}$		见0出1 见1出0	

 小知识

晶体二极管的开关特性

（1）导通条件及导通时的特点。当二极管两端所加的正向电压 U_D 大于死区电压 0.5V 时，管子开始导通，但在数字电路中，常常把 $U_D \geq 0.7V$ 看成是硅二极管导通的条件。而且二极管一旦导通，就近似认为如同一个闭合的开关，如图 1.13 所示。

导通条件：$U_D \geqslant 0.7V$

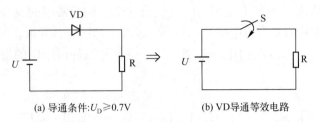

(a) 导通条件：$U_D \geqslant 0.7V$ (b) VD导通等效电路

图1.13　硅二极管导通条件及等效电路

（2）截止条件及截止时的特点。由硅二极管的伏安特性可知，当 U_D 小于死区电压时，I_D 已经很小，因此在数字电路中常把 $U_D \leqslant 0.5V$ 看成硅二极管的截止条件，而且一旦截止，就近似认为 $I_D \approx 0$，如同断开的开关，如图1.14（b）所示。

截止条件：$U_D \leqslant 0.5V$

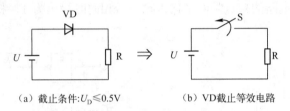

(a) 截止条件：$U_D \leqslant 0.5V$ (b) VD截止等效电路

图1.14　硅二极管截止条件及等效电路

晶体三极管的开关特性

在数字电路中，晶体三极管是最基本的开关元件，通常工作在饱和区和截止区。

（1）饱和导通条件及饱和时的特点。由三极管组成的开关电路，如图1.15所示。当输入高电平时，发射结正向偏置，当其基极电流足够大时，将使三极管饱和导通。三极管处于饱和状态时，其管压降 U_{CES} 很小，在工程上可以认为 $U_{CES}=0$，即集电极与发射极之间相当于短路，在电路中相当于开关闭合。

这时的集电极电流：

$$I_{CS} = \frac{V_{CC}}{R_C}$$

所以三极管的饱和条件是：

$$I_B \geqslant I_{BC} = \frac{V_{CC}}{\beta R_C}$$

三极管饱和时的特点是：

$U_{CE}=U_{CES} \leqslant 0.3V$，如同一个闭合开关。

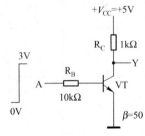

图1.15　三极管开关电路

（2）截止条件及截止时的特点。当电路中无输入信号时，三极管的发射结偏置电压为0V，所以其基极电流 $I_B=0$，集电极电流为 $I_C=0$，$U_{CE}=V_{CC}$，三极管处于截止状态，即集电极和发射极之间相当于断路。因此通常把 $U_i=0$ 作为截止条件。

1.3.2 复合逻辑门

在实际中可以将上述的基本逻辑门电路组合起来，构成常用的复合逻辑门电路，以实现各种逻辑功能。常见的复合门电路有：与非、或非、与或非、异或、同或门等。

与非门、或非门、与或非门电路分别是与、或、非三种门电路的组合。其逻辑电路如图 1.16 所示。

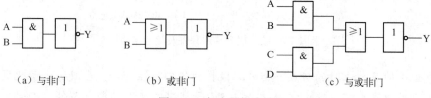

图 1.16 复合逻辑电路

异或门电路的特点是两个输入端信号相异时输出为 1，相同时输出为 0，其逻辑电路如图 1.17 所示。同或门电路的特点是两个输入端信号相同时输出为 1，相异时输出为 0，其逻辑电路如图 1.18 所示。

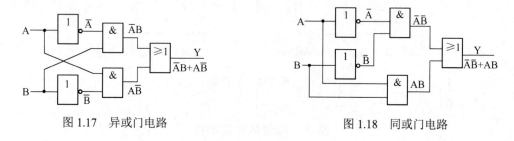

图 1.17 异或门电路　　　　　　　　　图 1.18 同或门电路

表 1.9 列出了几种常见的复合逻辑门电路的逻辑表达式，逻辑功能及逻辑符号。

表 1.9 几种常见的复合逻辑关系

逻辑关系	逻辑表达式	逻辑功能简述	逻辑符号
与非	$Y = \overline{ABC}$	全 1 出 0 见 0 出 1	A、B、C → & → Y
或非	$Y = \overline{A + B + C}$	全 0 出 1 见 1 出 0	A、B、C → ≥1 → Y
与或非	$Y = \overline{AB + CD}$		A、B、C、D → &、& → ≥1 → Y
异或	$Y = A \oplus B$ $Y = \overline{A}B + A\overline{B}$	相同出 0 相异出 1	A、B → =1 → Y
同或	$Y = \overline{A \oplus B}$ $Y = \overline{A}\,\overline{B} + AB$	相同出 1 相异出 0	A、B → =1 → Y

1.3.3 TTL 集成门电路

用分立元件组成的门电路，使用元件多、焊接点多、可靠性差、体积大、功耗大、使用不便，因此在数字设备中一般极少采用，而目前广泛使用的是 TTL 系列和 CMOS 系列的集成门电路。

TTL 集成门电路，即晶体管-晶体管逻辑（Transistor-transistor Logic）电路，该电路的内部各级均由晶体管构成。对于集成门电路我们一般不去讨论它的内部结构和工作原理，而更关心它的外部特性、引脚功能、参数、使用方法等。

1. TTL 集成门电路型号及分类

（1）CT54 系列和 CT74 系列。根据工作温度的不同和电源电压允许工作范围的不同，我国 TTL 数字集成电路分为 CT54 系列和 CT74 系列两大类。它们的工作条件如表 1.10 所示。

表 1.10 CT54 系列和 CT74 系列的工作条件

参数	CT54 系列			CT74 系列		
	最小	典型	最大	最小	典型	最大
电源电压（V）	4.5	5.0	5.5	4.75	5	5.25
工作温度（℃）	-55	25	125	0	25	70

CT54 系列和 CT74 系列具有完全相同的电路结构和电气性能参数，所不同的是 CT54 系列 TTL 集成电路更适合在温度条件恶劣、供电电源变化大的环境中工作，常用于军品；而 CT74 系列 TTL 集成电路则适合在常规条件下工作，常用于民品。

（2）CT74 系列集成电路的分类。CT54 系列和 CT74 系列的几个子系列的主要区别在它们的平均传输延迟时间 t_{pd} 和平均功耗这两个参数上。下面以 CT74 系列为例说明它的各子系列的主要区别。

① CT74 标准系列。CT74 标准系列和 CT1000 系列相对应，属中速 TTL 器件，为 TTL 集成电路的早期产品，已逐渐被淘汰。

② CT74H 高速系列。CT74H 高速系列和 CT2000 系列相对应，它为 CT74 标准系列的改进型产品，属高速 TTL 器件。其"与非门"的平均传输时间达 10ns 左右，但电路的静态功耗较大，目前该系列产品使用越来越少，已逐渐被淘汰。

③ CT74S 肖特基系列。CT74S 肖特基系列和 CT3000 系列相对应，它的工作速度是很高的，但电路的平均功耗较大。

④ CT74LS 低功耗肖特基系列。CT74LS 低功耗肖特基系列和 CT4000 系列相对应，电路既具有较高的工作速度，又有较低的平均功耗。它是当前 TTL 类型中的主要产品系列，品种和生产厂家都非常多，性价比高，目前在中小规模电路中应用非常普遍。

⑤ CT74ALS 先进低功耗肖特基系列。CT74ALS 先进低功耗肖特基系列是 CT74LS 系列的后继产品，电路中采用了较高的电阻阻值，并通过改进生产工艺和缩小内部器件的尺寸，从而降低了电路的平均功耗，提高了工作速度，其平均传输延迟时间约为 3.5ns/门，平

均功耗约为 1.2 mW/门。

国产 TTL 电路各子系列的主要参数的主要参数区别见表 1.11

表 1.11 国产 TTL 电路各子系列的主要参数

系列	CT74 (CT1000)	CT74H (CT2000)	CT74S (CT3000)	CT74LS (CT4000)	CT74AS	CT74ALS
平均延迟时间/每门 t_{pd}（ns）	10	6	3	9.5	3	3.5
平均功耗/每门 p（mW）	10	22	19	2	8	1.2
最高工作频率 f_{max}（MHz）	35	50	125	45	230	100

由表可以看出，CT74LS 系列的速度与 CT74 系列相当，而功耗仅为 CT74 系列的五分之一，因此在数字系统中特别是在微型计算机中普遍使用 CT74LS 系列。

2．常用的 TTL 集成门

集成门电路通常为双列直插式塑料封装，图 1.19 所示为 T74LS00 4 个 2 输入与非门的逻辑电路芯片结构及引脚，在一块集成电路芯片上集成了 4 个与非门，各个与非门互相独立，可以单独使用，但它们共用一根电源引线和一根地线。不管使用哪种门，都必须将 V_{CC} 接+5V 电源，地线引脚接公共地线。下面介绍几种常用的 TTL 集成门：与非门、与门、非门、或非门、异或门、OC 门、三态输出门。

（1）与非门。74LS00 内含 4 个 2 输入与非门，其引脚排列如图 1.19 所示，74LS00 的互换型号有 SN7400，SN5400，MC7400，MC5400，T1000，CT7400，CT5400 等。74LS00 的逻辑表达式为：$Y = \overline{A \cdot B}$。

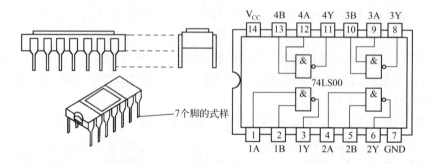

图 1.19 74LS00 四 2 输入与非门的逻辑电路芯片结构及引脚排列图外引线分布

74LS20 内含两个 4 输入与非门，其引脚排列如图 1.20 所示，74LS20 的互换型号有 SN7420，SN5420，MC7420，MC5420，CT7420，CT5420，T1020 等。74LS20 的逻辑表达式为：$Y = \overline{A \cdot B \cdot C \cdot D}$。

（2）TTL 与门。74LS08 内含 4 个 2 输入与门，其引脚排列如图 1.21 所示，74LS08 的互换型号有 SN7408，SN5408，MC7408，MC5408，CT7408，CT5408，T1008 等。74LS08 的逻辑表达式为：Y=AB。

（3）TTL 非门。74LS04 内含 6 个非门，其引脚排列如图 1.22 所示，74LS04 的互换型号有 SN7404，SN5404，MC7404，MC5404，CT7404，CT5404，T1004 等。74LS04 的逻辑表达式为：$Y = \overline{A}$。

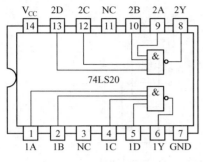

图 1.20 74LS20 的引脚排列图

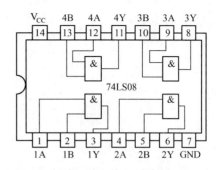

图 1.21 74LS08 的引脚排列图

（4）TTL 或非门。74LS02 内含 4 个 2 输入或非门，其引脚排列如图 1.23 所示，74LS02 的互换型号有 SN7402，SN5402，MC7402，MC5402，CT7402，CT5402，T1002 等。74LS02 的逻辑表达式为：$Y = \overline{A + B}$。

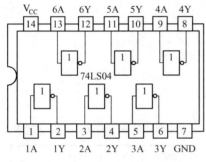

图 1.22 74LS04 的引脚排列图

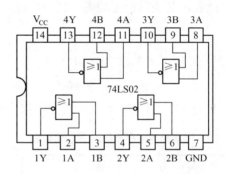

图 1.23 74LS02 的引脚排列图

（5）TTL 异或门。74LS86 内含 4 个 2 输入异或门，其引脚排列如图 1.24 所示，74LS86 的互换型号有 SN7486，SN5486，MC7486，MC5486，CT7486，CT5486，T1086 等。74LS86 的逻辑表达式为：$Y = A \oplus B$ 或 $Y = \overline{A}B + A\overline{B}$。

（6）TTLOC 与非门。74LS03 内含 4 个 2 输入 TTLOC 与非门，其引脚排列如图 1.25 所示，74LS03 的互换型号有 SN7403，SN5403，MC7403，MC5403，CT7403，CT5403，T1003 等。74LS03 的逻辑表达式为：$Y = \overline{A \cdot B}$。

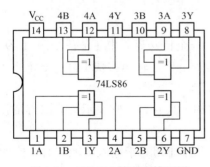

图 1.24 74LS86 的引脚排列图

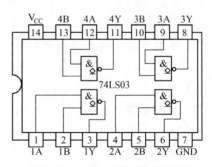

图 1.25 74LS03 的引脚排列图

OC 门的逻辑符号如图 1.26 所示，其主要用途有：
① 实现"线与"，如图 1.27 所示。

② 驱动显示。
③ 电平转换。

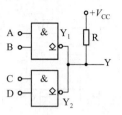

图1.26 OC门逻辑符号图　　　　图1.27 OC门实现"线与"电路

（7）三态输出门（TSL门）。三态输出门的输出有高阻态、高电平和低电平3种状态，简称三态门。三态门有一个控制端（又称使能端）EN，三态门的控制端分高电平有效和低电平有效两种，表1.12为控制端高电平有效的三态功能表，表1.13为控制端低电平有效的三态功能表，其逻辑符号如图1.28所示。

（a）控制端高电平有效　　　　（b）控制端低电平有效

图1.28 TSL门的逻辑符号

表1.12 控制端高电平有效的三态功能表

EN（控制端）	Y（输出端）
EN=1	Y= $\overline{A \cdot B}$（正常）
EN=0	Y呈高阻（悬空）

表1.13 控制端低电平有效的三态功能表

$\overline{EN}$（控制端）	Y（输出端）
$\overline{EN}$=0	Y= $\overline{A \cdot B}$（正常）
$\overline{EN}$=1	Y呈高阻（悬空）

3．TTL集成门电路参数

在使用TTL集成逻辑门时，应注意以下几个主要参数：

（1）输出高电平 U_{OH} 和输出低电平 U_{OL}。U_{OH} 是指输入端有一个或几个是低电平时的输出高电平，典型值是3.6V。U_{OL} 是指输入端全为高电平且输出端接有额定负载时的输出低电平，典型值是0.3V。

对通用的TTL与非门，$U_{OH} \geq 2.4V$，$U_{OL} \leq 0.4V$。

（2）阈值电压 U_{TH}。U_{TH} 是理想特性曲线上规定的一个特殊界限电压值，如图1.29所示。当 $U_i < U_{TH}$ 时，输出高电平 U_{OH} 保持不变；当 $U_i > U_{TH}$ 后，输出很快下降为低电平 U_{OL} 并保持不变。

（3）扇出系数 N_0。N_0 是指一个与非门能带同类门的最大数目，它表示与非门带负载能力。对TTL与非门而言，$N_0 \geq 8$。

（4）平均传输延迟时间 t_{pd}。与非门工作时，其输出脉冲相对于输入脉冲将有一定的时间延迟，如图1.30所示。

从输入脉冲上升沿的50%处起到输出脉冲下降沿的50%处止的时间称为导通延迟时间 t_{pd1}；从输入脉冲下降沿的50%处起到输出脉冲上升沿的50%处止的时间称截止延迟时间

t_{pd2}。t_{pd1} 和 t_{pd2} 的平均值称为平均传输延迟时间 t_{pd}。它是表示门电路开关速度的一个参数。t_{pd} 越小，开关速度就越快，所以此值越小越好。在集成与非门中，TTL 与非门的开关速度比较高。典型值是 3～4ns。

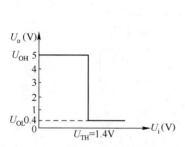
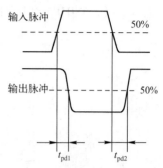

图 1.29　TTL 与非门的理想传输特性　　　图 1.30　TTL 与非门的传输延迟时间

（5）输出低电平时电源电流 I_{CCL} 和输出高电平时电源电流 I_{CCH}。

I_{CCL} 是指输出为低电平时，该电路从直流电源吸取的直流电流。

I_{CCH} 是指输出为高电平时，该电路从直流电源吸取的直流电流，通常 $I_{CCH} < I_{CCL}$。

 小知识

用 T4000（74LS00）四 2 输入与非门构成一个二输入或门，如图 1.31 所示。

$$Y = \overline{\overline{A} \cdot \overline{B}} = A + B$$

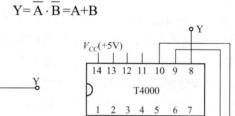

图 1.31　用 74LS00 组成或门电路

 小问答

如何用 T4000（74LS00）四 2 输入与非门构成一个二输入与门和一个非门？

4．TTL 集成门电路使用注意事项

（1）TTL 输出端。TTL 电路（OC 门、三态门除外）的输出端不允许并联使用，也不允许直接与+5V 电源或地线相连。否则，将会使电路的逻辑混乱并损坏器件。

（2）多余输入端的处理。或门、或非门等 TTL 电路的多余输入端不能悬空，只能接地。与门、与非门等 TTL 电路的多余输入端可以做如下处理：

① 悬空。相当于接高电平。

② 与其他输入端并联使用。可增加电路的可靠性。

③ 直接或通过电阻（100Ω～10kΩ）与电源相接以获得高电平输入。

（3）电源滤波。一般可在电源的输入端并接一个 100μF 的电容作为低频滤波，在每块集成电路电源输入端接一个 0.01～0.1μF 的电容作为高频滤波，如图 1.32 所示。

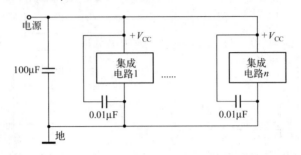

图 1.32 电源滤波

（4）严禁带电操作。要在电路切断电源以后，插拔和焊接集成电路芯片，否则容易引起电路的损坏。

 小技能

数字集成电路的查找方法

（1）使用 D.A.T.A.DIGEST。D.A.T.A.DIGEST 创刊于 1956 年，原名 D.A.T.A.BOOK，专门收集和提供世界各国生产的有商品货供应的各类电子器件的功能特性、电气特性和物理特性的数据资料、电路图和外形图等图纸以及生产厂的有关资料，每年以期刊形式出版各个分册，分册品种逐年增加，整套 D.A.T.A.DIGEST 具有资料累积性，一般不必作回溯性检索，原则上应使用最新的版本。D.A.T.A.DIGEST 由美国 D.A.T.A.公司以英文出版，初通英语的电子科技人员，只要掌握该资料的检索方式，均可以查到要找的电子器件。

（2）使用一些权威器件手册。除了上面讲的 D.A.T.A.DIGEST 外，国内还有两套很有权威的电子器件手册：一套是国防工业出版社出版的《中国集成电路大全》，另一套是电子工业出版社出版的《电子工作手册系列》。这两套手册都包含数本分册，给出了集成电路的功能、引脚定义以及电气参数等。

（3）经常阅读一些电子技术期刊、报纸。有很多电子技术期刊及报纸可提供大家阅读，诸如《无线电》、《电子世界》、《现代通信》等杂志，《电子报》等报刊。它们也可以成为你查阅电子器件、开拓思路的信息库。

（4）网上获取。通过网上的搜索引擎等来查找相关信息。

1.3.4 CMOS 集成门电路

CMOS 集成门电路是由 N 沟道增强型 MOS 场效应晶体管和 P 沟道增强型 MOS 场效应晶体管构成的一种互补对称场效应管集成门电路。它是近年来国内外迅速发展、广泛应用的一种电路。

1. CMOS 集成门电路型号及分类

CMOS 数字电路有以下三个系列产品。

（1）4000B 系列。该系列数字集成电路为国际通用标准系列，是 20 世纪 80 年代 CMOS 代表产品之一。其特点是功耗低，价格便宜，但工作速度较低。4000B 系列数字集成电路品种繁多，功能齐全，现在仍被广泛应用。

（2）40H××系列。国内产品的型号前缀一般用国标代号 CC，即 CC40H××系列。其特点是工作速度较高，但品种较少，使用不多，引脚功能与 74 系列 TTL 电路同序号品种相同。

（3）74HC××系列。该系列数字电路是 CMOS 产品中应用最广泛的品种之一。其特点是性能比较优越，功耗低，速度高，引脚功能与 74 系列 TTL 电路同序号品种相同。

2. 常用 CMOS 集成门

（1）CMOS 与非门。CD4011 是一种常用的四 2 输入与非门，采用 14 引脚双列直插塑料封装，其引脚排列如图 1.33 所示。

（2）CMOS 反相器。CD40106 是一种常用的 6 输入反相器，采用 14 引脚双列直插塑料封装，其引脚排列如图 1.34 所示。

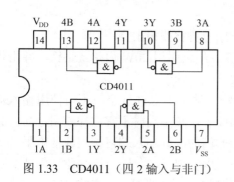
图 1.33 CD4011（四 2 输入与非门）

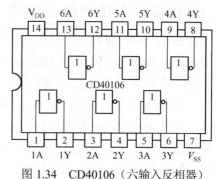
图 1.34 CD40106（六输入反相器）

（3）CMOS 传输门。CC4016 是 4 双向模拟开关传输门，其引脚排列如图 1.35 所示，互换型号有 CD4016B，MC14016B 等。其逻辑符号如图 1.36 所示。其模拟开关真值表如表 1.14 所示。

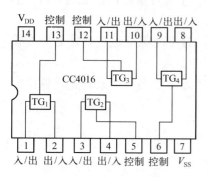

表 1.14 模拟开关真值表

控制端	开关通道
1	导通
0	截止

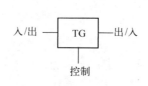

图 1.35 CC4016 的引脚排列图　　图 1.36 CC4016 的逻辑符号

3. CMOS 门电路的主要特点

（1）静态功耗低。CMOS 门电路工作时，几乎不吸取静态电流，所以功耗极低。

（2）电源电压范围宽。CMOS 门电路的工作电源电压很宽，从 3～18V 均可正常工作，与严格限制电源的 TTL 与非门相比要方便得多，便于和其他电路接口。

（3）抗干扰能力强。输出高、低电平的差值大。因此 CMOS 门电路具有较强的抗干扰能力，工作稳定性好。

（4）制造工艺较简单。

（5）集成度高，易于实现大规模集成。

（6）它的缺点是速度比 74LS 系列低。

由于 CMOS 门电路具有上述特点，因而在数字电路、电子计算机及显示仪表等许多方面获得了广泛的应用。

CMOS 门电路和 TTL 门电路在逻辑功能方面是相同的，而且当 CMOS 电路的电源电压 V_{DD}=+5V 时，它可以与低功耗的 TTL 电路直接兼容。

小知识

CMOS 集成电路的电源电压越高，电路的抗干扰能力越强，允许的工作频率越高，但相应的功耗也越大。

4．CMOS 集成门电路使用注意事项

（1）防静电。应注意存放的环境，防止外来感应电势将栅极击穿。

（2）焊接。焊接时不能使用 25W 以上的电烙铁，通常采用 20W 内热式烙铁，并用带松香的焊锡丝，焊接时间不宜过长，焊接量不宜过大。

（3）闲置输入端的处理。CMOS 电路不用的输入端，不允许悬空，可与使用输入端并联使用，但这样会增大输入电容，使速度下降，因此工作频率高时不宜这样使用。与门和与非门的闲置输入端可接正电源或高电平；或门和或非门的闲置输入端可接地或低电平。

（4）输出端的连接。OC 门的输出端可并联使用以实现线与，还可用来驱动需要一定功率的负载；普通门的输出端不允许直接并联以实现线与。输出端不允许直接与 V_{DD} 或 V_{SS} 连接，否则将导致元件损坏。

（5）电源。V_{DD} 电源正极，V_{SS} 接电源负极（通常接地），不允许反接，在接装电路、插拔电路元件时，必须切断电源，严禁带电操作。

（6）输入信号。元件的输入信号不允许超出电压范围，若不能保证这一点，必须在输入端串联限流电阻起保护作用。

（7）接地。所有测试仪器的外壳必须良好接地。若信号源需要换挡，最好先将输出幅度减到最小。

小技能

用万用表检查 TTL 系列电路

（1）将万用表拨到 R×1k 挡，黑表笔接被测电路的电源地端，红表笔依次测量其他各端对地端的直流电阻。正常情况下，各端对地端的直流电阻值约为 5kΩ 左右，其中电

源正端对地端的电阻值为 3kΩ 左右。如果测得某一端电阻值小于 1kΩ，则表明被测电路已损坏；如测得电阻值大于 12kΩ，也表明该电路已失去功能或功能下降，不能再使用了。

（2）将万用表表笔对换，即红表笔接地，黑表笔依次测量其他各端的反向电阻值，多数应大于 40kΩ，其中电源正端对地电阻值为 3~10kΩ。若阻值近乎为零，则表明电路内部已短路；若阻值为无穷大，则表明电路内部已断路。

（3）少数 TTL 电路内部有空脚，如 7413 的（3）、（11）端，7421 的（2）、（8）、（12）、（13）端等，测量时应注意查阅电路型号及引线排列，以免错判。

1.4 【任务训练】 常用集成门电路的逻辑功能测试

工作任务单

（1）识别集成逻辑门的功能，管脚分布。
（2）完成常用集成逻辑门的逻辑功能测试。
（3）完成门电路对信号的控制作用的测试。
（4）完成用与非门设计其他逻辑功能的门电路并进行逻辑功能测试。
（5）编写实训及设计报告。

1. 实训目标

（1）掌握数字电路实验装置的结构与使用方法。
（2）验证常用门电路的逻辑功能。
（3）了解常用 74 系列门电路的管脚排列方法。

2. 实训设备与器件

实训设备：数字电路实验装置 1 台
实训器件：74LS08、74LS32、74LS04(CD40106) 各 1 片，74LS00(CD4011) 2 片

3. 实训内容及步骤

（1）TTL 门电路逻辑功能测试。测试的 TTL 门电路包括与门电路、或门电路、非门电路、与非门电路。

① 与门电路。74LS08 是四 2 输入与门电路，其引脚排列如图 1.37（a）所示。将其插入 IC 插座中，输入端接逻辑电平开关，输出端接逻辑电平指示，14 脚接+5V 电源，7 脚接地，先测试第一个门电路的逻辑关系，接线方法如图 1.37（b）所示。LED 电平指示灯亮为 1，灯不亮为 0。将结果记录在表 1.13 中，判断是否满足逻辑关系：$Y = AB$。

② 或门电路。74LS32 是四 2 输入或门电路，图 1.38（a）为其引脚排列图。测试其逻辑功能的接线方法如图 1.38（b）所示。LED 电平指示灯亮为 1，灯不亮为 0。将结果记录在表 1.13 中，判断是否满足逻辑关系：$Y = A + B$。

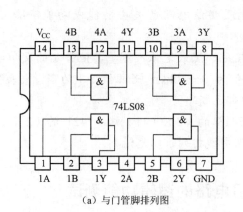 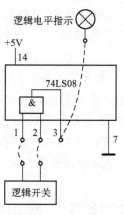

(a)与门管脚排列图　　　　　　(b)与门逻辑功能测试接线

图 1.37　与门引脚排列图及与门逻辑功能测试接线图

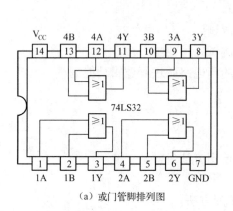 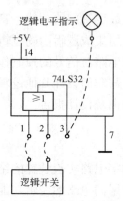

(a)或门管脚排列图　　　　　　(b)或门逻辑功能测试连接线图

图 1.38　或门引脚排列图及或门逻辑功能测试接线图

③ 非门电路。74LS04 是六反相器，引脚排列如图 1.39（a）所示，测试其逻辑功能的接线方法如图 1.39（b）所示。将结果记录在表 1.13 中，判断是否满足逻辑关系：$Y = \overline{A}$。

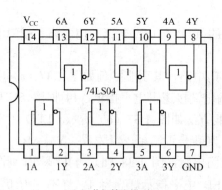 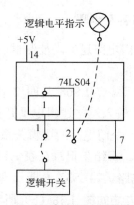

(a)非门管脚排列图　　　　　　(b)非门逻辑功能测试连接线

图 1.39　非门引脚排列图及非门逻辑功能测试接线图

④ 与非门电路。74LS00 是四 2 输入与非门电路，其引脚排列如图 1.40（a）所示。将集成芯片插入 IC 插座中，输入端接逻辑电平开关，输出端接逻辑电平指示，14 脚接+5V 电源，7 脚接地，先测试第一个门电路的逻辑关系，接线方法如图 1.40（b）所示。LED 电平指示灯亮为 1，灯不亮为 0。将结果记录在表 1.15 中，判断是否满足逻辑关系：$Y = \overline{AB}$。

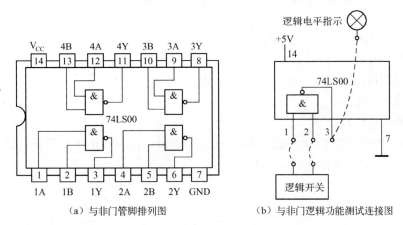

(a) 与非门管脚排列图　　　(b) 与非门逻辑功能测试连接图

图 1.40　与非门引脚排列图及与非门逻辑功能测试接线图

表 1.15　门电路逻辑功能测试表

输 入		输　出			
		与门	或门	非门	与非门
A	B	Y=AB	Y=A+B	$Y=\overline{A}$	$Y=\overline{AB}$
0	0				
0	1				
1	0				
1	1				

(2) 门电路对信号的控制作用。选二输入与非门 74LS00 插入 IC 插座，1 脚输入 1kHz 的脉冲信号，2 脚接逻辑电平开关，输出端 3 脚接示波器，连接+5V 电源，如图 1.41 所示。当逻辑电平开关为 0 或 1 时，分别用示波器观察输出端 Y 的波形。

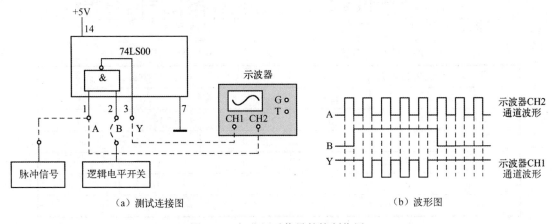

(a) 测试连接图　　　(b) 波形图

图 1.41　与非门对信号的控制作用

小知识

不同的门电路对输入信号具有不同的控制作用，大家可以自行测试其他门电路对输入信号的控制作用。

(3) 用与非门构成其他逻辑功能的门电路（选做）。用与非门可构成如下逻辑门电路：

① 构成非门电路。
② 构成与门电路。
③ 构成或门电路。
④ 构成或非门电路。
⑤ 构成异或门电路。

以上内容均要求同学们参考如图 1.42 所示的逻辑电路，画出相应的测试接线图，测试逻辑功能，将结果记录在相应的表格中。

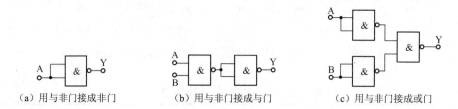

非门功能测试		与门功能测试			或门功能测试		
输入	输出	输入		输出	输入		输出
A	Y	A	B	Y	A	B	Y
0		0	0		0	0	
1		0	1		1	1	
		1	0		1	0	
		1	1		1	1	

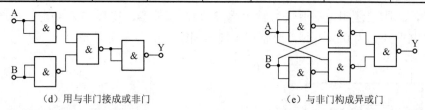

或非门电路功能测试			异或门功能测试		
输入		输出	输入		输出
A	B	Y	A	B	Y
0	0		0	0	
0	1		0	1	
1	0		1	0	
1	1		1	1	

图 1.42 用与非门构成其他逻辑功能的门电路

4．实训注意事项

（1）接插集成块时，要认清定位标记，不得插反。

（2）电源电压使用范围为+4.5～5.5V 之间，实验中要求使用 V_{CC}=+5V。电源极性绝对不允许接错。

（3）门电路的输出端不允许直接接地或直接接+5V 电源，也不允许接逻辑电平开关，否则将损坏元件。

（4）在开电源工作过程中，严禁插、拔芯片及其它元器件。

5．实训考核

集成门电路的逻辑功能测试工作过程考核表如表 1.16 所示。

表 1.16 集成门电路的逻辑功能测试工作过程考核表

项目	内容	配分	考核要求	扣分标准	得分
工作态度	1. 工作的积极性 2. 安全操作规程的遵守情况 3. 纪律遵守情况	30 分	积极参加工作，遵守安全操作规程和劳动纪律，有良好的职业道德和敬业精神	违反安全操作规程扣 20 分，不遵守劳动纪律扣 10 分	
集成电路的识别	1.集成电路的型号识读 2.集成电路引脚号的识读	30 分	能回答型号含义，引脚功能明确，会画出元件引脚排列示意图	每错一处扣 2 分	
集成电路的功能测试	1.能正确连接测试电路 2. 能正确测试集成电路的逻辑功能	40 分	1. 熟悉集成电路的逻辑功能 2. 正确记录测试结果	验证方法不正确扣 5 分 记录测试结果不正确扣 5 分	
合计		100 分			
注：各项配分扣完为止					

1.5 【知识拓展】 不同类型集成门电路的接口

不同类型集成门电路在同一个数字电路系统中使用时，须考虑门电路之间的连接问题。门电路在连接时，前者称为驱动门，后者称为负载门。驱动门必须能为负载门提供符合要求的高、低电平和足够的输入电流，具体条件是：

$$\begin{aligned}
\text{驱动管} \quad & \quad \text{负载管} \\
U_{OH} \quad & > \quad U_{IH} \\
U_{OL} \quad & < \quad U_{IL} \\
I_{OH} \quad & > \quad I_{IH} \\
I_{OL} \quad & > \quad I_{IL}
\end{aligned}$$

两种不同类型的集成门电路，在连接时必须满足上述条件，否则须要通过接口电路进行电平或电流的变换之后，才能连接。

TTL 系列和 CMOS 系列的参数比较见表 1.17。

表 1.17 TTL 和 CMOS 电路各系列重要参数的比较

系列 参数	TTL				CMOS		
	CT74S	CT74LS	CT74AS	CT74ALS	4000	CC74HC	CC74HCT
电源电压(V)	5	5	5	5	5	5	5
U_{OH}(V)	2.7	2.7	2.7	2.7	4.95	4.9	4.9
U_{OL}(V)	0.5	0.5	0.5	0.5	0.05	0.1	0.1
I_{OH}(mA)	−1	−0.4	−2	−0.4	−0.51	−4	−4
I_{OL}(mA)	20	8	20	8	0.51	4	4
U_{IH}(V)	2	2	2	2	3.5	3.5	2
U_{IL}(V)	0.8	0.8	0.8	0.8	1.5	1.0	0.8
I_{IH}(μA)	50	20	20	20	0.1	0.1	0.1
I_{IL}(mA)	−2	−0.4	−0.5	−0.1	-0.1×10^{-3}	0.1×10^{-3}	0.1×10^{-3}
t_{pd}(每门)(ns)	3	9.5	3	3.5	45	8	8
P(每门)(mW)	19	2	8	1.2	5×10^{-3}	3×10^{-3}	3×10^{-3}
f_{max}(MHz)	130	50	230	100	5	50	50

1.5.1 TTL 集成门电路驱动 CMOS 集成门电路

通过比较 TTL 系列和 CMOS 系列的有关参数可知，高速 HCT 系列 CMOS 电路与 TTL 电路完全兼容，它们可直接互相连接，而 74HC 系列与 TTL 系列不匹配，因为 TTL 的 U_{OH} ≥2.7V，而 74HC 在接 5V 电源时 U_{IH}≥3.5V，两者电压显然不符合要求，所以不能直接相接，可以采用如图 1.43 所示的方法实现电平匹配。

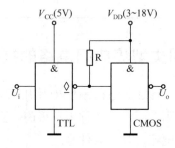

图 1.43 TTL 驱动 CMOS 的接口电路

1.5.2 CMOS 集成门电路驱动 TTL 集成门电路

CMOS 系列电路驱动 TTL 系列电路，可将 CMOS 系列的输出参数与 TTL 系列电路的输入参数做比较，可以看到在某些系列间同样存在 CMOS 输出高电平与 TTL 系列输入高电平不匹配问题，CMOS 输出电流太小不能满足 TTL 系列输入电流的要求。这种情况下，可以采用 CMOS 缓冲驱动器作接口电路，也就是在 CMOS 的输出端加反相器作缓冲级,如图 1.44 所示。该缓冲级可选用 CC4049(六反相缓冲器)和 CC4050(六同相缓冲器)。

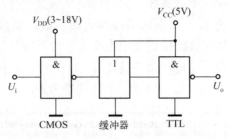

图 1.44　CMOS 驱动 TTL 的接口电路

1.6　【知识拓展】　面包板的使用

面包板是专为电子电路的无焊接实训而设计制造的。由于各种电子元件可以根据需要随意插入或者拔出,免去焊接操作,节省电路的组装时间,而且元件可以重复使用,所以面包板非常适合电子电路的组装、调试训练。

1. 面包板的结构

面包板实际上是具有许多小插孔的塑料插板,其内部结构如图 1.45 所示。每块插板中央有一个凹槽,凹槽两边各有纵向排列的多列插孔,每 5 个插孔为一组,各列插孔之间的间距为 0.1 英寸(即 2.54mm),与双列直插式封装的集成电路的引脚间距一致。每列 5 个孔中有金属簧片连通,列与列之间在电气上互不相通。面包板的上、下边各有一排(或两排)横向插孔,每排横向插孔分为若干段(一般是 2~3 段),每段内部在电气上是相通的,一般可用做电源线和地线的插孔。

2. 元件与集成电路的安装

(1)在安装分立元件时,应便于看到其极性和标志,将元件引脚理直后,在需要的地方折弯。为了防止裸露的引线短路,必须使用带套管的导线,一般不剪断元件引脚,以便重复使用。一般不要插入引脚直径大于 0.8mm 的元件,以免破坏插座内部簧片的弹性。

(2)在安装集成电路时,其引脚必须插在面包板中央凹槽两边的孔中,插入时所有引脚应稍向外偏,使引脚与插孔中的簧片接触良好,所有集成块的方向要一致,缺口朝左,便于正确布线和查线。集成块在插入与拔出时要受力均匀,以免造成引脚弯曲或断裂。

3. 正确合理布线

为了避免或减少故障,面包板上的电路布局和布线,必须合理而且美观。

(1)根据信号流程的顺序,采用边安装边调试的方法进行布线。元件安装好了后,先连接电源线和地线。为了查线方便,连线应尽量采用不同颜色。例如,正电源一般选用红色绝缘皮导线,负电源用蓝色绝缘皮导线,地线用黑色绝缘皮导线,信号线用黄色绝缘皮导线,也可根据条件选用其他颜色。

（2）面包板宜使用直径为 0.6mm 左右的单股导线。线头剥离长度应根据连线的距离以及插入插孔的长度剪断导线，要求将线头剪成 45°的斜口，约 6mm 左右，要求将线头全部插入底板以保证接触良好。裸线不宜露在外面，以防止与其他导线短路。

（3）连线要求紧贴在面包板上，以免碰撞弹出面包板，造成接触不良。必须使连线在集成电路周围通过，不允许将连线跨接在集成电路上，也不得使导线互相重叠在一起，尽量做到衡平竖直，这样有利于查线、更换元件及连线。

（4）所有的地线必须连接在一起，形成一个公共参考点。

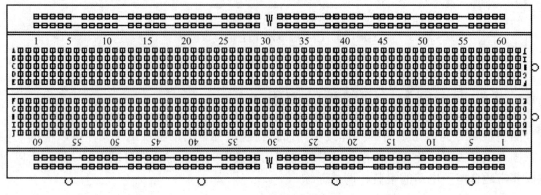

图 1.45 面包板的结构图

本 章 小 结

1. 逻辑代数是分析和设计逻辑电路的重要工具。逻辑变量是一种二值变量，只能取值 0 和 1，仅用来表示两种截然不同的状态。

2. 基本逻辑运算有与运算（逻辑乘）、或运算（逻辑加）和非运算（逻辑非）3 种。常用的导出逻辑运算有与非运算、或非运算、与或非运算以及同或运算，利用这些简单的逻辑关系可以组合成复杂的逻辑运算。

3. 逻辑函数有 4 种常用的表示方法，分别是真值表、逻辑函数式、卡诺图、逻辑图。它们之间可以相互转换，在逻辑电路的分析和设计中会经常用到这些方法。

4. 最基本的逻辑门电路有与门、或门和非门。在数字电路中，常用的门电路有与非门、或非门、与或非门、异或门、三态门等。门电路是组成各种复杂逻辑电路的基础。

5. 在使用集成逻辑门电路时，未被使用的闲置输入端应注意正确连接。对于与非门，闲置输入端可通过上拉电阻接正电源，也可和已用的输入端并联使用。对于或非门，闲置输入端可直接接地，也可和已用的输入端并联使用。

习 题 1

一、填空题

1.1 在时间上和数值上均作连续变化的电信号称为_____信号；在时间上和数值上离散的信号称为

_____信号；其高电平和低电平常用_____和____来表示。

1.2 在数字电路中，输入信号和输出信号之间的关系是_____关系，所以数字电路也称为_____电路。在数字电路中，最基本的逻辑关系是_____、_____和_____。

1.3 具有"相异出1，相同出0"功能的逻辑门是____门，它的非是____门。

1.4 一般TTL集成电路和CMOS集成电路相比，_____集成门的带负载能力强，_____集成门的抗干扰能力强；_____集成门电路的输入端通常不可以悬空。

1.5 分析数字电路的主要工具是_____，数字电路又称为_____。

1.6 三态输出门可实现_____、_____、_____三种状态。

1.7 逻辑代数的四种表示方法是_____、_____、_____、_____。

1.8 TTL与非门多余输入端的处理方法是_____。

1.9 集成逻辑门电路的输出端不允许_____，否则将损坏元件。

1.10 Y=A+B，若Y=1，则A和B可能的取值状况为：_____、_____、_____。

1.11 组合逻辑电路有3个输入端，则可以组成_____种输入状态。

二、选择题

1.12 与模拟电路相比，数字电路主要的优点有（　　）。
    A．容易设计　　　　B．通用性强　　　　C．保密性好　　　　D．抗干扰能力强

1.13 为实现"线与"逻辑功能，应选用（　　）
    A．OC门　　　　　B．与门　　　　　　C．异或门　　　　　D．或门

1.14 某门电路的输入输出波形如图1.46所示，试问此逻辑门的功能是（　　）。
    A．与非　　　　　　B．或非　　　　　　C．异或　　　　　　D．同或

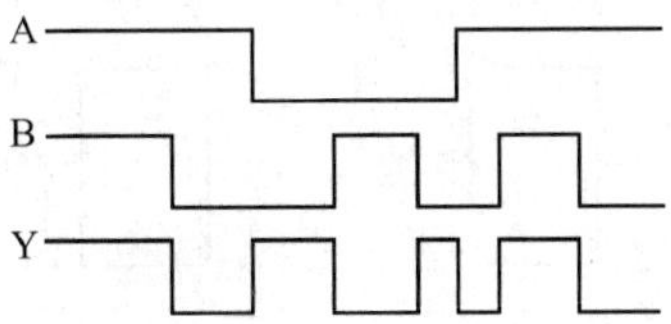

图1.46

1.15 以下电路中常用于总线应用的有（　　）。
    A．TSL门　　　　　B．OC门　　　　　　C．漏极开路门　　　D．CMOS与非门

1.16 逻辑表达式Y=AB可以用（　　）实现。
    A．或门　　　　　　B．非门　　　　　　C．与门　　　　　　D．异或门

1.17 TTL电路在正逻辑系统中，以下各种输入中（　　）相当于输入逻辑"1"。
    A．悬空　　　　　　　　　　　　　　　B．通过电阻2.7kΩ接电源
    C．通过电阻2.7kΩ接地　　　　　　　　D．通过电阻510Ω接地

1.18 对于TTL与非门闲置输入端的处理，可以（　　）。
    A．接电源　　　　　　　　　　　　　　B．通过电阻3kΩ接电源
    C．接地　　　　　　　　　　　　　　　D．与有用输入端并联

1.19 CMOS数字集成电路与TTL数字集成电路相比突出的优点是（　　）。
    A．微功耗　　　　　B．高速度　　　　　C．高抗干扰能力　　D．电源范围宽

1.20 以下式子中正确的是（　　）

A. 1+A=A B. A+A=1 C. A+AB=A D. A·A=1

1.21 和逻辑式 A+ABC 相等的式子是（　　）

A. A B. BC C. ABC D. C

三、判断题（正确的打√，错误的打×）

1.22 输入全为低电平"0"，输出也为"0"时，必为"与"逻辑关系。（　　）

1.23 或逻辑关系是"有0出0，见1出1"。（　　）

1.24 数字电路中用"1"和"0"分别表示两种状态，二者无大小之分。（　　）

1.25 在时间和幅度上都断续变化的信号是数字信号，语音信号不是数字信号。（　　）

1.26 TTL 与非门的多余输入端可以接固定高电平。（　　）

1.27 普通的逻辑门电路的输出端不可以并联在一起，否则可能会损坏器件。（　　）

1.28 两输入端四与非门器件 74LS00 与 7400 的逻辑功能完全相同。（　　）

1.29 CMOS 或非门与 TTL 或非门的逻辑功能完全相同。（　　）

1.30 三态门的三种状态分别为：高电平、低电平、不高不低的电压。（　　）

1.31 一般 TTL 门电路的输出端可以直接相连，实现线与。（　　）

四、分析题

1.32 某逻辑电路有三个输入：A、B 和 C，当输入相同时，输出为 1，否则输出为 0。列出此逻辑事件的真值表，写出逻辑表达式。

1.33 试画出用与非门构成具有下列逻辑关系的逻辑图。

(1) $L=\overline{A}$　　　(2) $L=A \cdot B$　　　(3) $L=A+B$

1.34 试确定图 1.47 所示中各门的输出 Y 并写出 Y 的逻辑函数表达式。

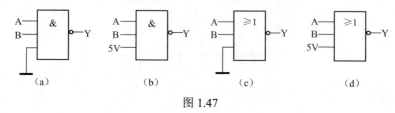

图 1.47

1.35 如图 1.48 所示为 U_A、U_B 两输入端门的输入波形，试画出对应下列门的输出波形。

(1) 与门；(2) 与非门；(3) 或非门；(4) 异或门

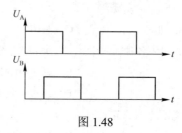

图 1.48

项目 2　产品质量检测仪的设计与制作

能力目标

（1）会识别和测试常用 TTL、CMOS 集成电路产品。
（2）能完成产品质量检测仪的设计与制作。

知识目标

掌握逻辑函数的化简，了解组合逻辑电路的分析步骤，掌握组合逻辑电路的分析方法；了解组合逻辑电路的设计步骤，初步掌握用小规模集成电路（SSI）设计组合逻辑电路的方法。

产品质量检测仪实物图如图 2.1 所示

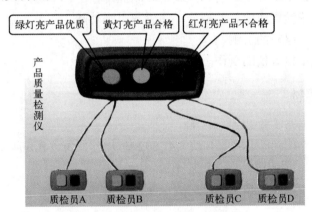

图 2.1　产品质量检测仪实物图

2.1　【工作任务】　产品质量检测仪的制作

工作任务单

（1）小组制订工作计划。
（2）识别产品质量检测仪原理图，明确元件连接和电路连线。
（3）画出布线图。
（4）完成电路所需元件的购买与检测。
（5）根据布线图制作产品质量检测仪电路。
（6）完成产品质量检测仪电路功能验证和故障排除。
（7）通过小组讨论完成电路的详细分析及编写项目实训报告。

产品质量检测仪电路图如图 2.2 所示。

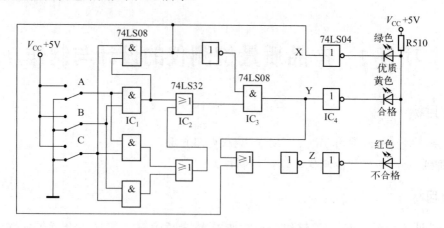

图 2.2　产品质量检测仪电路图

1．实训目标

（1）增强专业意识，培养良好的职业道德和职业习惯。
（2）能借助资料读懂集成电路的型号，明确各引脚功能。
（3）了解数字集成电路的检测。
（4）掌握产品质量检测仪的制作。

2．实训设备与器材

实训设备：数字电路实验装置　　1 台。
实训器件：2 块 74LS08 芯片、1 块 74LS32 芯片、1 块 74LS04 芯片、3 个发光二极管、1 个 510Ω 电阻、3 个按键。

3．实训电路与说明

（1）设计要求。设计要求如下：

① 输入逻辑。我们假设有 3 个质检员（分别是 A，B，C）同时检测一个产品，若质检员认为产品合格，则不按按钮，我们的电路得到的输入信号是数字逻辑 1，若质检员认为产品不合格，则按下按钮，我们的电路得到的输入信号是数字逻辑 0。

② 输出逻辑。电路输出总共有绿、黄、红色 3 个发光二极管，表示产品的三种质量等级，三种质量等级分别是 优质（命名为 X）、合格（命名为 Y）、不合格（命名为 Z）。

- 若 3 个质检员都认为产品合格，则产品质量为优质，优质对应的绿色发光二极管点亮，其余 2 个发光二极管为熄灭状态（即 X=1，Y=0，Z=0）。
- 若 3 个质检员中只有两人认为产品合格，则产品质量合格，合格对应的黄色发光二极管点亮，其余 2 个发光二级管为熄灭状态（即 X=0，Y=1，Z=0）。
- 若 3 个质检员中只有一人认为产品合格，或 3 个质检员都认为产品不合格，则产品质量不合格，不合格对应的红色二极管点亮，其余 2 个二极管为熄灭状态（即 X=0，Y=0，Z=1）。

（2）设计思路。本实训电路设计思路如下：
① 根据设计要求列出表 2.1 所示的真值表。

表 2.1　产品质量检测仪真值表

输入			输出			产品质量
A	B	C	X（绿灯）	Y（黄灯）	Z（红灯）	
0	0	0	0	0	1	不合格
0	0	1	0	0	1	不合格
0	1	0	0	0	1	不合格
0	1	1	0	1	0	合格
1	0	0	0	0	1	不合格
1	0	1	0	1	0	合格
1	1	0	0	1	0	合格
1	1	1	1	0	0	优质

② 由以上输入输出逻辑可以列出三个输出信号的表达式：

$$X = ABC$$
$$Y = (AB + BC + AC)\overline{X}$$
$$Z = \overline{X + Y}$$

由这三个公式得知，电路要用到与门、或门、非门，与门选用 74LS08，或门选用 74LS32，非门选用 74LS04，

4．实训电路的安装与功能验证

（1）安装。根据产品质量检测仪的逻辑电路图，画出安装布线图。根据安装布线图按正确方法插好 IC 芯片，并连接线路。电路可以连接在自制的 PCB（印制电路板）上，也可以焊接在万能板上，或通过"面包板"插接。

（2）验证产品质量检测仪的逻辑功能（与表 2.1 比较）。

5．完成电路的详细分析及编写项目实训报告

完成电路的详细分析及编写实训报告。

6．实训考核

产品质量检测仪的制作工作过程考核表如表 2.2 所示。

表 2.2　产品质量检测仪的制作工作过程考核表

项目	内容	配分	考核要求	扣分标准	得分
实训态度	1. 实训的积极性 2. 安全操作规程的遵守情况 3. 纪律遵守情况	30 分	积极实训，遵守安全操作规程和劳动纪律，有良好的职业道德和敬业精神	违反安全操作规程扣 20 分，不遵守劳动纪律扣 10 分	
电路安装	1. 安装图的绘制 2. 电路的安装	40 分	电路安装正确且符合工艺要求	电路安装不规范，每处扣 5 分，电路接错扣 5 分	
电路的测试	1. 产品质量检测仪的功能验证 2. 自拟表格记录测试结果	30 分	1. 熟悉电路的逻辑功能 2. 正确记录测试结果	验证方法不正确扣 20 分 记录测试结果不正确扣 10 分	
合计		100 分			
注：各项配分扣完为止					

思考

假设有 4 个质检员（分别是 A，B，C，D）同时检测一个产品，4 个质检员都认为产品合格，产品质量为优；3 个质检员都认为产品合格，产品质量为合格；2 个或 2 个以上质检员都认为产品不合格，产品质量不合格，如何设计该电路？

2.2　【知识链接】　逻辑函数的化简方法

大多数情况下，由逻辑真值表写出的逻辑函数式，以及由此而画出的逻辑电路图往往比较复杂。如果可以化简逻辑函数，就可以使对应的逻辑电路简单，所用元件减少，电路的可靠性也因此提高。逻辑函数的化简有两种方法，即公式化简和卡诺图化简法。

2.2.1　公式化简法

公式化简法就是运用逻辑代数运算法则和定律把复杂的逻辑函数式化成简单的逻辑式，通常采用以下几种方法。

1．吸收法

吸收法是利用的 A+AB=A 公式，消去多余的项。

例 2.1　化简函数 $Y= AB + AB(C+D)$

解：Y=AB+AB(C+D)=AB(1+C+D)=AB

2．并项法

利用 $A + \bar{A} =1$ 的公式，将两项并为一项，消去一个变量。

例 2.2　化简函数 $Y=\bar{A}BC + \bar{A}B\bar{C}$

解：$Y=\bar{A}BC + \bar{A}B\bar{C} = \bar{A}B(C + \bar{C}) = \bar{A}B$

3．消去法

利用 $A + \bar{A}B = A + B$，消去多余的因子。

例 2.3　化简函数 $Y = AB + \bar{A}C + \bar{B}C$

解：$Y = AB + \bar{A}C + \bar{B}C = AB + (\bar{A} + \bar{B})C = AB + \overline{AB}C = AB + C$

4．配项法

利用公式 $A + \bar{A} =1$，$A + A = A$ 等，增加必要的乘积项，再用并项或吸收的办法化简。

例 2.4　化简函数 $Y = \bar{A}BC + A\bar{B}C + AB\bar{C} + ABC$

解：$Y = \bar{A}BC + A\bar{B}C + AB\bar{C} + ABC$

　　　$= \bar{A}BC + ABC + A\bar{B}C + ABC + AB\bar{C} + ABC$　　　　　　　（配项）

　　　$= BC(\bar{A} + A) + AC(\bar{B} + B) + AB(\bar{C} + C)$

　　　$=BC+AC+AB$　　　　　　　　　　　　　　　　　　　　　　（并项）

2.2.2 卡诺图化简法

1. 基本概念

卡诺图是逻辑函数的图解化简法。它克服了公式化简法对最终结果难以确定的缺点。卡诺图化简法具有确定的化简步骤,能比较方便地获得逻辑函数的最简与或式。为了更好地掌握这种方法,必须理解下面几个概念。

(1) 最小项。在 n 个变量的逻辑函数中,如乘积(与)项中包含全部变量,且每个变量在该乘积项中或以原变量或以反变量只出现一次,则该乘积就定义为逻辑函数的最小项。n 个变量的最小项有 2^n 个。

3 个输入变量全体最小项的编号如表 2.3 所示。

表 2.3 三变量最小项表

A	B	C	最 小 项	简记符号
0	0	0	$\bar{A}\bar{B}\bar{C}$	m_0
0	0	1	$\bar{A}\bar{B}C$	m_1
0	1	0	$\bar{A}B\bar{C}$	m_2
0	1	1	$\bar{A}BC$	m_3
1	0	0	$A\bar{B}\bar{C}$	m_4
1	0	1	$A\bar{B}C$	m_5
1	1	0	$AB\bar{C}$	m_6
1	1	1	ABC	m_7

(2) 最小项表达式。如一个逻辑函数式中的每一个与项都是最小项,则该逻辑函数式叫做最小项表达式(又称为标准与或式)。任何一种形式的逻辑函数式都可以利用基本定律和配项法化为最小项表达式,并且最小项表达式是唯一的。

例 2.5 把 $L=\overline{ABC}+AB\bar{C}+\bar{B}CD+BC\bar{D}$ 化成标准与或式。

解: 从表达式中可以看出 L 是 4 变量的逻辑函数,但每个乘积项中都缺少一个变量,不符合最小项的规定。为此,将每个乘积项利用配项法把变量补足为 4 个变量,并进一步展开,即得最小项。

$$L = \overline{AB}\bar{C}(D+\bar{D}) + AB\bar{C}(D+\bar{D}) + \bar{B}CD(A+\bar{A}) + BC\bar{D}(A+\bar{A})$$
$$= \overline{AB}\bar{C}D + \overline{AB}\bar{C}\bar{D} + AB\bar{C}D + AB\bar{C}\bar{D} + \bar{B}CDA + \bar{B}CD\bar{A} + BC\bar{D}A + BC\bar{D}\bar{A}$$

(3) 相邻最小项。如两个最小项中只有一个变量为互反变量,其余变量均相同,则这样的两个最小项为逻辑相邻,并把它们称为相邻最小项,简称相邻项。如 $\bar{A}\bar{B}\bar{C}$ 和 $\bar{A}\bar{B}C$,其中的 C 和 $\bar{C}$ 互为反变量,其余变量($\bar{A}\bar{B}$)都相同。

(4) 最小项卡诺图。用 2^n 个小方格对应 n 个变量的 2^n 个最小项,并且使逻辑相邻的最小项在几何位置上也相邻,按这样的相邻要求排列起来的方格图,叫做 n 个输入变量的最小项卡诺图,又称最小项方格图。如图 2.3 所示的是 2~4 变量的最小项卡诺图。图中横向变量和纵向排列顺序,保证了最小项在卡诺图中的循环相邻性。

2. 用卡诺图表示逻辑函数

用卡诺图表示逻辑函数的步骤是:

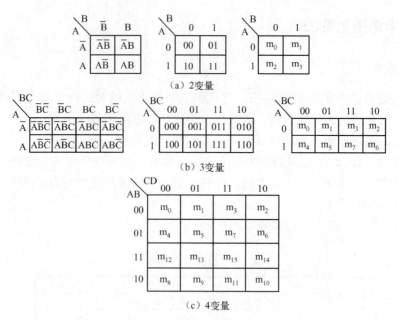

图 2.3 最小项卡诺图的结构

（1）根据逻辑函数中的变量数，画出变量最小项卡诺图。

（2）将逻辑函数表达式所包含的各最小项，在相应的小方格中填以 1（称为读入、写入），在其余的小方格内填 0 或不填。

根据逻辑函数画出的卡诺图是唯一的，它是描述逻辑函数的又一种形式。下面举例说明根据逻辑函数不同的表示形式填写卡诺图的方法。

① 知逻辑函数式的标准与或表达式,画逻辑函数卡诺图。

例 2.6 逻辑函数 $L = \overline{A}\overline{B}\overline{C}D + \overline{A}BC\overline{D} + A\overline{B}CD + AB\overline{C}\overline{D} + ABCD + \overline{A}\ \overline{B}CD$
$+ AB\overline{C}D + \overline{A}\ BCD$，试画出 L 的卡诺图。

解：这是一个 4 变量逻辑函数。

第一步，画出 4 变量最小项卡诺图，如图 2.4 所示。

第二步，填卡诺图。把逻辑函数式中的 8 个最小项 $\overline{A}\overline{B}\overline{C}D$、$\overline{A}BC\overline{D}$、$A\overline{B}CD$、$AB\overline{C}\overline{D}$、$ABCD$、$\overline{A}\ \overline{B}CD$、$AB\overline{C}D$、$\overline{A}\ BCD$ 对应的方格中填入1，其余不填。

② 已知逻辑函数的一般表达式，画逻辑函数卡诺图。

当已知逻辑函数为一般表达式时，可先将其化成标准与或式，再画出卡诺图。但这样做往往很麻烦，实际上只需把逻辑函数式展开成与或式就行了，再根据与或式每个与项的特征直接填卡诺图。具体方法是：把卡诺图中含有某个与项各变量的方格均填入 1，直到填完逻辑式的全部与项。

例 2.7 已知 $Y = \overline{A}D + \overline{\overline{AB}(C + \overline{BD})}$，试画出 Y 的卡诺图。

解： 第一步，先把逻辑式展开成与或式：$Y = \overline{A}D + AB + \overline{B}C\overline{D}$。

第二步，画出 4 变量最小项卡诺图。

第三步，根据与或式中的每个与项，填卡诺图，如图 2.5 所示。

③ 已知逻辑函数的真值表，画逻辑函数卡诺图。

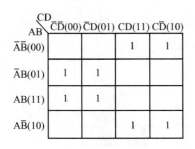

图 2.4　例 2.6 卡诺图　　　　　图 2.5　例 2.7 卡诺图

例 2.8　已知逻辑函数 Y 的真值表如表 2.4 所示，试画出 Y 的卡诺图。

解：第一步，画出 3 变量最小项卡诺图。

第二步，将真值表中 Y=1 对应的最小项 m_0、m_2、m_4、m_6 在卡诺图中相应的方格里填入 1，其余的方格不填，如图 2.6 所示。

表 2.4　例 2.8 真值表

A	B	C	Y
0	0	0	1
0	0	1	0
0	1	0	1
0	1	1	0
1	0	0	1
1	0	1	0
1	1	0	1
1	1	1	0

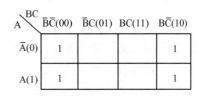

图 2.6　例 2.8 卡诺图

3．利用卡诺图化简逻辑函数

用卡诺图化简逻辑函数式，其原理是利用卡诺图的相邻性，对相邻最小项进行合并，消去互反变量，以达到化简的目的。两个相邻最小项合并，可以消去一个变量；4 个相邻最小项合并，可以消去 2 个变量；把 2^n 个相邻最小项合并，可以消去 n 个变量。

化简逻辑函数式的步骤和规则如下：

第一步，画出逻辑函数的卡诺图。

第二步，圈卡诺圈，合并最小项，没有可合并的方格可单独画圈。

由于卡诺图中，相邻的两个方格所代表的最小项只有一个变量取不同的形式，所以利用公式 $AB+A\bar{B}=A$，可以将这样的两个方格合并为一项，并消去那个取值不同的变量。卡诺图化简正是依据此原则寻找可以合并的最小项，然后将其用圈圈起来，称为卡诺圈，画卡诺圈的原则是：

（1）能够合并的最小项必须是 2^n 个，即 2、4、8、16……

（2）能合并的最小项方格必须排列成方阵或矩阵形式。

（3）画卡诺圈时能大则大，卡诺圈的个数能少则少。

（4）画卡诺圈时，各最小项可重复使用，但每个卡诺圈中至少有一个方格没有被其他圈圈过。

包含 2 个方格的卡诺圈，可以消去一个取值不同的变量；包含 4 个方格的卡诺圈，可以消去 2 个取不同值的变量，依此类推。可以写出每个卡诺圈简化后的乘积项。

第三步，把每个卡诺圈作为一个乘积项，将各乘积项相加就是化简后的与或表达式。

例 2.9 利用卡诺图化简例 2.6 中的逻辑函数表达式。

解： 第一步，画出逻辑函数的卡诺图。

第二步，圈卡诺圈，合并最小项，如图 2.7 所示。

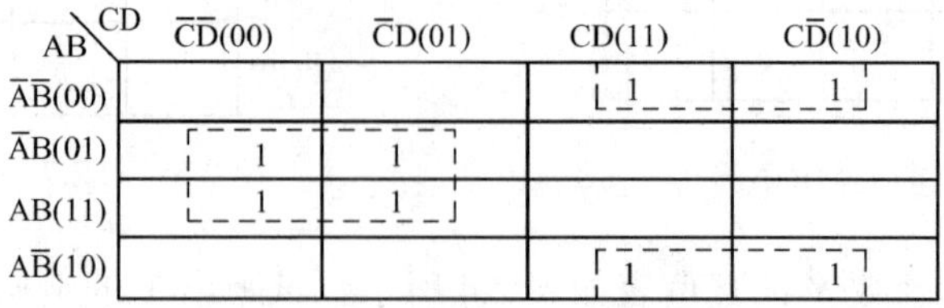

AB\CD	$\overline{C}\overline{D}$(00)	$\overline{C}D$(01)	CD(11)	C$\overline{D}$(10)
$\overline{A}\overline{B}$(00)			1	1
$\overline{A}B$(01)	1	1		
AB(11)	1			
A$\overline{B}$(10)			1	1

图 2.7　例 2.9 卡诺图

根据圈要尽量画得大，圈的个数要尽量少的原则画圈，可画两个圈，如图中虚线框所示。

第三步，写出每个卡诺圈对应的乘积项，分别是 B$\overline{C}$ 和 $\overline{B}$C。

第四步，将各乘积项相加就是化简后的与或表达式。

$$L = B\overline{C} + \overline{B}C$$

在利用卡诺图化简逻辑函数的过程中，第二步是关键，应特别注意卡诺圈不要画错。

例 2.10 利用卡诺图化简函数 Y(A, B, C, D) = $\sum$m(0, 1, 4, 6, 9, 10, 11, 12, 13, 14, 15)

解： 第一步，画出逻辑函数的卡诺图。

第二步，圈卡诺圈，合并最小项，如图 2.8 所示。

第三步，写出每个卡诺圈对应的乘积项，分别是 AC、AD、B$\overline{D}$、$\overline{A}$ $\overline{B}$ $\overline{C}$。

第四步，将各乘积项相加就是化简后的与或表达式：

$$Y = AC + AD + B\overline{D} + \overline{A}\,\overline{B}\,\overline{C}$$

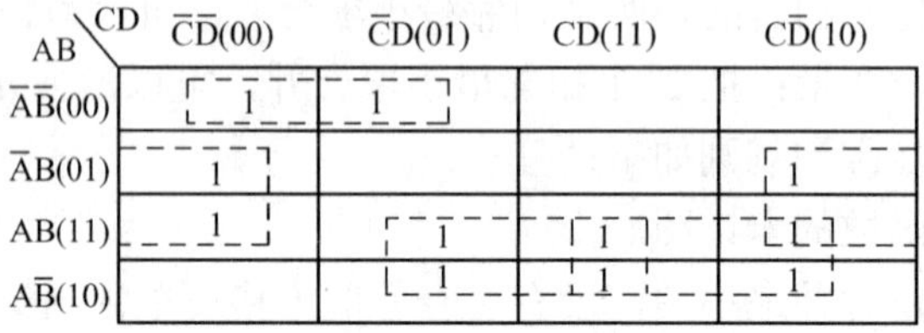

AB\CD	$\overline{C}\overline{D}$(00)	$\overline{C}D$(01)	CD(11)	C$\overline{D}$(10)
$\overline{A}\overline{B}$(00)	1	1		
$\overline{A}B$(01)	1			1
AB(11)	1	1	1	1
A$\overline{B}$(10)		1	1	1

图 2.8　例 2.10 卡诺图

4. 具有无关项的逻辑函数化简

在一些逻辑函数中，变量取值的某些组合所对应的最小项不会出现或不允许出现，这些最小项称为约束项。例如，在 8421BCD 码中，1010~1111 这 6 个最小项就是约束项。而在另一些逻辑函数中，变量取值的某些组合既可以是 1，也可以是 0，这样的最小项称为任意项。约束项和任意项统称为无关项。在逻辑函数化简时，无关项取值可以为 1，也可以为 0。

在逻辑函数表达式中无关项通常用 $\sum$d(…) 表示，在真值表和卡诺图中，无关项对应函数值用"×"表示，举例如下。

例 2.11 某逻辑函数 F = $\overline{A}$ $\overline{B}$ $\overline{C}$ + $\overline{A}$ $\overline{B}$ C，无关项为 A $\overline{B}$ $\overline{C}$ + A $\overline{B}$ C，化简该逻辑函数。

解：该逻辑函数表达式可以写为 $F(A,B,C) = \sum m(m_0, m_1) + \sum d(m_4, m_5)$。
其真值表如表 2.5 所示，其卡诺图如图 2.9 所示。

表 2.5 真值表

A	B	C	F
0	0	0	1
0	0	1	1
0	1	0	0
0	1	1	0
1	0	0	×
1	0	1	×
1	1	0	0
1	1	1	0

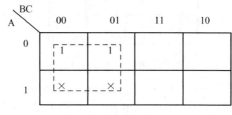

图 2.9 例 2.11 卡诺图

这里，主要借助无关项对应的函数值可以为 0 或为 1 的特点，进行逻辑函数化简，可以使逻辑函数化简得更简单。考虑无关项时，化简后的逻辑函数为 $F = \overline{B}$。

例 2.12 用卡诺图化简逻辑函数 $F(A, B, C, D) = \sum m(m_4, m_6, m_{10}, m_{13}, m_{15}) + \sum d(m_0, m_1, m_2, m_5, m_7, m_8)$。

解：用卡诺图表示逻辑函数 F，如图 2.10 所示。
如果不考虑无关项，则 F 化简后表达式为：
$$F = \overline{A}B\overline{D} + ABD + A\overline{B}C\overline{D}$$
考虑无关项时，利用无关项进行化简，可使表达式进一步简化。化简后的表达式为：
$$F = \overline{A}B + BD + \overline{B}\,\overline{D}$$

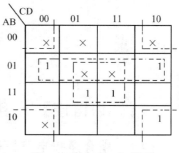

图 2.10 例 2.12 卡诺图

 小技能

利用卡诺图表示逻辑函数表达式时，如果卡诺图中被 1 占去的小方块多，化简起来就显得零乱且易出差错。这时可采用圈 0 的方法化简则更简便。但求得的是 L 的非函数 $\overline{L}$，然后对 $\overline{L}$ 再求反，即得原函数 L，其结果与用圈 1 求 L 的方法是相同的。举例如下：

例 2.13 用卡诺图化简下列逻辑。
$$L = (A, B, C, D) = \sum m(0 \sim 3, 5 \sim 11, 13 \sim 15)$$

解：（1）画出 L 的卡诺图，如图 2.11（a）所示。
（2）用圈 1 的方法化简，如图 2.11（b）所示得：$L = \overline{B} + C + D$。
（3）用圈 0 的方法化简，如图 2.11（c）所示得：
$$\overline{L} = B\overline{C}\,\overline{D}$$

对 $\overline{L}$ 求反得：
$$L = \overline{\overline{L}} = \overline{B\overline{C}\,\overline{D}} = \overline{B} + C + D$$

由上可见用两种方法求得的结果是相同的。

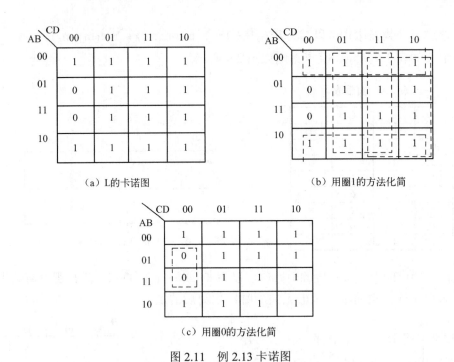

(a) L的卡诺图　　　　　　　(b) 用圈1的方法化简

(c) 用圈0的方法化简

图 2.11　例 2.13 卡诺图

2.3　【知识链接】　组合逻辑电路的分析与设计

2.3.1　组合逻辑电路概述

在实际应用中，为了实现各种不同的逻辑功能，可以将逻辑门电路组合起来，构成各种组合逻辑电路。组合逻辑电路的特点是无反馈连接的电路，没有记忆单元，其任一时刻的输出状态仅取决于该时刻的输入状态，而与电路原有的状态无关。

2.3.2　组合逻辑电路的分析

组合逻辑电路的分析主要是根据给定的组合逻辑电路图，找出输出信号与输入信号间的关系，从而确定它的逻辑功能。具体分析步骤如下：

（1）根据给定的逻辑电路写出输出逻辑函数式。一般从输入端向输出端逐级写出各个门输出对其输入的逻辑表达式，从而写出整个逻辑电路的输出对输入变量的逻辑函数式。必要时，可进行化简，求出最简输出逻辑函数式。

（2）列出逻辑函数的真值表。将输入变量的状态以自然二进制数顺序的各种取值组合代入输出逻辑函数式，求出相应的输出状态，并填入表中，即得真值表。

（3）分析逻辑功能。通常通过分析真值表的特点来说明电路的逻辑功能。

以上分析步骤可用图 2.12 的框图描述。

图 2.12　组合逻辑电路的分析步骤

例 2.14 组合逻辑电路如图 2.13 所示,分析该电路的逻辑功能。

解:(1)写出输出逻辑函数表达式为:
$$Y_1 = A \oplus B$$
$$Y = Y_1 \oplus C = A \oplus B \oplus C$$
$$= \overline{A}\,\overline{B}C + \overline{A}B\overline{C} + A\overline{B}\,\overline{C} + ABC$$

(2)列出逻辑函数的真值表,见表 2.6。

(3)逻辑功能分析。由表 2.6 可看出:在输入 A、B、C 3 个变量中,有奇数个 1 时,输出 Y 为 1,否则 Y 为 0。因此,如图 2.13 所示电路为三位判奇电路,又称为奇校验电路。

表 2.6 例 2.14 的真值表

输	入		输 出
A	B	C	Y
0	0	0	0
0	0	1	1
0	1	0	1
0	1	1	0
1	0	0	1
1	0	1	0
1	1	0	0
1	1	1	1

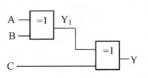

图 2.13 例 2.14 的逻辑电路

2.3.3 组合逻辑电路的设计

组合逻辑电路的设计,是根据给出的实际问题求出能实现这一逻辑要求的最简逻辑电路。具体设计步骤如下:

(1)分析设计要求,列出真值表。根据题意确定输入变量和输出函数及它们相互间的关系,然后将输入变量以自然二进制数顺序的各种取值组合排列,列出真值表。

(2)根据真值表写出输出逻辑函数表达式。将真值表中输出为 1 所对应的各个最小项进行逻辑加后,便得到输出逻辑函数表达式。

(3)对输出逻辑函数进行化简。通常用代数法或卡诺图法对逻辑函数进行化简。

(4)根据最简输出逻辑函数式画逻辑图。可根据最简与—或输出逻辑函数表达式画逻辑图,也可根据要求将输出逻辑函数变换为与非表达式、或非表达式、与或非表达式或其他表达式来画逻辑图。

以上设计步骤可用图 2.14 的框图描述。

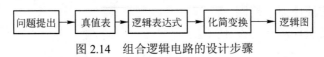

图 2.14 组合逻辑电路的设计步骤

例 2.15 设计一个 A、B、C 三人表决电路。当表决某个提案时,多数人同意,提案通过,同时 A 具有否决权。用与非门实现。

解:(1)分析设计要求,列出真值表。设 A、B、C 三个人表决同意提案时用 1 表示,不同意时用 0 表示;Y 为表决结果,提案通过用 1 表示,通不过用 0 表示,同时还应考虑 A 具有否决权。由此可列出表 2.7 所示的真值表。

(2)将输出逻辑函数化简后,变换为与非表达式。用如图 2.15 所示的卡诺图进行化简，由此可得：

表 2.7 例 2.15 的真值表

输入			输出
A	B	C	Y
0	0	0	0
0	0	1	0
0	1	0	0
0	1	1	0
1	0	0	0
1	0	1	1
1	1	0	1
1	1	1	1

$$Y = AC + AB$$

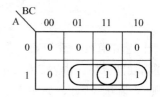

图 2.15 例 2.15 的卡诺图

将上式变换成与非表达式为：
$$Y = \overline{\overline{AC + AB}} = \overline{\overline{AC} \cdot \overline{AB}}$$

（3）根据化简后的逻辑函数表达式，可画出如图 2.16 所示的逻辑电路图。

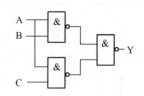

图 2.16 例 2.15 的逻辑电路

2.4 【训练任务 1】 产品质量检测仪的设计

工作任务单

（1）小组制订工作计划。
（2）分析产品质量检测仪的逻辑要求，列出功能真值表。
（3）由真值表写出逻辑表达式并化简。
（4）画出逻辑电路图。
（5）画出安装布线图，列出所需元件的清单。
（6）完成产品质量检测仪电路安装和功能检测。
（7）编写产品质量检测仪的设计报告。

1．实训目标

（1）增强专业意识，培养良好的职业道德和职业习惯。
（2）能借助资料读懂集成电路的型号，明确各引脚功能。
（3）了解数字集成电路的检测。
（4）掌握产品质量检测仪的设计方法。

2．实训设备与器件

实训设备：数字电路实验装置　1 台
实训器件：根据实际设计的电路确定元件清单。

3．实训内容与步骤

（1）产品质量检测仪的设计。设计逻辑要求为：假设有 4 个质检员（分别是 A，B，

C,D）同时检测一个产品，4个质检员都认为产品合格，产品质量为优；3个质检员都认为产品合格，产品质量为合格；2个或2个以上质检员都认为产品不合格，产品质量不合格，试设计一个产品质量检测仪逻辑电路。

① 列出产品质量检测仪的功能真值表。
② 由真值表写出逻辑表达式并化简。
③ 画出产品质量检测仪逻辑电路图。
（2）产品质量检测仪的安装。按以下步骤进行安装：
① 根据产品质量检测仪的逻辑电路图，画出安装布线图。
② 根据安装布线图完成电路的安装。
（3）验证产品质量检测仪的逻辑功能。

4．完成产品质量检测仪的设计总结报告

完成产品质量检测仪的设计总结报告。

5．实训考核

产品质量检测仪的设计工作过程考核表如表2.8所示。

表2.8 产品质量检测仪的设计工作过程考核表

项 目	内 容	配 分	考核要求	扣分标准	得 分
实训态度	1. 实训的积极性 2. 安全操作规程的遵守情况 3. 纪律遵守情况	30分	积极实训，遵守安全操作规程和劳动纪律，有良好的职业道德和敬业精神	违反安全操作规程扣20分，不遵守劳动纪律扣10分	
电路设计	产品质量检测仪的设计	30分	完成真值表，表达式，电路图	真值表错误扣20分，表达式错误扣15分，电路图错误扣20分	
电路安装	1. 安装图的绘制 2. 电路的安装	30分	电路安装正确且符合工艺要求	电路安装不规范，每处扣2分，电路接错扣5分	
电路的测试	1. 产品质量检测仪的功能验证 2. 自拟表格记录测试结果	10分	1. 熟悉电路的逻辑功能 2. 正确记录测试结果	验证方法不正确扣5分，记录测试结果不正确扣5分	
合计		100分			

注：各项配分扣完为止

2.5 【训练任务2】 四人表决器的设计与制作

工作任务单

（1）小组制订工作计划。
（2）分析四人表决器的逻辑要求，列出功能真值表。
（3）由真值表写出逻辑表达式并化简。
（4）画出逻辑电路图。
（5）画出安装布线图，列出所需元器件的清单。
（6）完成四人表决器电路安装和功能检测。

（7）编写四人表决器的设计报告。

1. 实训目标

（1）掌握四人表决器的设计方法与制作。
（2）能借助资料读懂集成电路的型号，明确各引脚功能。
（3）了解数字集成电路的检测。

2. 实训设备与器件

实训设备：数字电路实验装置　1台。
实训器件：根据实际设计的电路确定元件清单。

3. 实训内容与步骤

（1）四人表决器的设计。
设计逻辑要求：设计一个 A、B、C、D 四人表决器的逻辑电路。当表决某个提案时，多数人（三人以上）同意，提案通过。要求用与非门实现。
① 列出四人表决器的功能真值表。
② 由真值表写出逻辑表达式并化简。
③ 画出四人表决器逻辑电路图。
（2）四人表决器的安装。
① 根据四人表决器的逻辑电路图，画出安装布线图。
② 根据安装布线图完成电路的安装。
（3）验证四人表决器的逻辑功能。

4. 完成四人表决器的设计总结报告

5. 任务训练考核

四人表决器的设计工作过程考核表如表 2.9 所示。

表 2.9　四人表决器的设计工作过程考核表

项目	内容	配分	考核要求	扣分标准	得分
实训态度	1. 实训的积极性 2. 安全操作规程的遵守情况 3. 纪律遵守情况	30分	积极实训，遵守安全操作规程和劳动纪律，有良好的职业道德和敬业精神	违反安全操作规程扣20分，不遵守劳动纪律扣10分	
电路设计	四人表决器的设计	30分	完成真值表，表达式，电路图	真值表错误扣20分，表达式错误扣15分，电路图错误扣20分	
电路安装	1. 安装图的绘制 2. 电路的安装	30分	电路安装正确且符合工艺要求	电路安装不规范，每处扣2分，电路接错扣5分	
电路的测试	1. 四人表决器的功能验证 2. 自拟表格记录测试结果	10分	1. 熟悉电路的逻辑功能 2. 正确记录测试结果	验证方法不正确扣5分 记录测试结果不正确扣5分	
合计		100分			
注：各项配分扣完为止					

本 章 小 结

1. 组合逻辑电路是由各种门电路组成的没有记忆功能的电路。它在逻辑功能上的特点是其任一时刻的输出状态仅取决于该时刻的输入状态，而与电路原有的状态无关。

2. 组合逻辑电路的分析方法是根据给定的组合逻辑电路图，从输入端向输出端逐级写出各个门输出对其输入的逻辑表达式，然后写出整个逻辑电路的输出对输入变量的逻辑函数式。必要时，可进行化简，求出最简输出逻辑函数式。具体分析步骤如下：

3. 组合逻辑电路的设计方法是根据给出的实际问题求出能实现这一逻辑要求的最简逻辑电路。具体设计步骤如下：

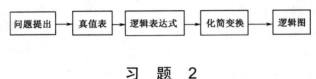

习　题　2

一、填空题

2.1　逻辑函数 F=$\bar{A}$+B+$\bar{C}$D 的反函数 $\bar{F}$=_____。

2.2　逻辑函数 F=$\bar{A}$ $\bar{B}$ $\bar{C}$ $\bar{D}$ +A+B+C+D=_____。

2.3　逻辑函数 F=$\overline{A\bar{B}+\bar{A}B}$+$\overline{\bar{A}\bar{B}+AB}$ =_____。

2.4　逻辑函数式 Y = AB + BC + AC 化为与非-与非式是_____。

2.5　逻辑函数 Y = $\bar{A}$BC + AC + $\bar{B}$C 最小项表达式是_____。

2.6　写出四变量最小项 AB$\bar{C}$D 的所有相邻最小项_____。

二、选择题

2.7　逻辑函数的表示方法中具有唯一性的是（　　）。
　　A．真值表　　　　　B．表达式　　　　　C．逻辑图　　　　　D．卡诺图

2.8　在一个四变量逻辑函数中，（　　）为最小项。
　　A．AAC$\bar{D}$　　　　B．AB$\bar{C}$　　　　C．A$\bar{B}$CD　　　　D．(AB＋C)D

2.9　F=A$\bar{B}$+BD+CDE+$\bar{A}$D=（　　）。
　　A．A$\bar{B}$+D　　　　B．(A+$\bar{B}$)D　　　C．(A+D)($\bar{B}$+D)　　D．(A+D)(B+$\bar{D}$)

2.10　逻辑函数 F=A⊕(A⊕B) =（　　）。
　　A．B　　　　　　B．A　　　　　　C．A⊕B　　　　　D．$\overline{A⊕B}$

2.11　A+BC=（　　）。
　　A．A+B　　　　　B．A+C　　　　　C．(A+B)(A+C)　　D．B+C

2.12　四变量的逻辑函数最多有（　　）个最小项。
　　A．4　　　　　　B．8　　　　　　C．16　　　　　　D．32

三、判断题（正确的打√，错误的打×）

2.13 因为逻辑表达式 A+B+AB=A+B 成立，所以 AB=0 成立。（   ）

2.14 若两个函数具有不同的真值表，则两个逻辑函数必然不相等。（   ）

2.15 若两个函数具有不同的逻辑函数式，则两个逻辑函数必然不相等。（   ）

2.16 逻辑函数 Y=A$\overline{B}$+$\overline{A}$B+$\overline{B}$C+B$\overline{C}$ 已是最简与或表达式。（   ）

2.17 因为逻辑表达式 A$\overline{B}$+$\overline{A}$B+AB=A+B+AB 成立，所以 A$\overline{B}$+$\overline{A}$B=A+B 成立。（   ）

2.18 因为逻辑式 A+(A+B)=B+(A+B)是成立的，所以等式两边同时减去(A+B)，得 A=B 也是成立的。（   ）

2.19 因为逻辑式 A+AB=A，所以 B=1；又因 A+AB=A，若两边同时减 A，则得 AB=0。（   ）

四、分析题

2.20 用公式法化简下列逻辑函数

（1） $F = (A + \overline{B})C + \overline{A}B$

（2） $F = A\overline{C} + \overline{A}B + BC$

（3） $F = \overline{A}\ \overline{B}C + AB\overline{C} + AB\overline{C} + \overline{A}\ \overline{B}\ \overline{C} + ABC$

（4） $F = A\overline{B} + B\overline{C}D + \overline{C}\ \overline{D} + AB\overline{C} + A\overline{C}D$

2.21 用卡诺图化简下列逻辑函数。

（1） $F(A,B,C) = \sum m(0,1,2,4,5,7)$

（2） $F = \overline{A}\ \overline{B}\ \overline{D} + \overline{A}\ \overline{B}\ \overline{C}D + \overline{A}\ \overline{B}C + \overline{A}BCD + A\overline{B}\ \overline{C}\ \overline{D}$

（3） $F(A,B,C,D) = \sum m(2,3,6,7,8,10,12,14)$

（4） $F = ABD + \overline{A}B\overline{D} + A\overline{C}D + \overline{A}D + B\overline{C}$

2.22 写出如图 2.17 所示逻辑电路的逻辑函数表达式，并化简。

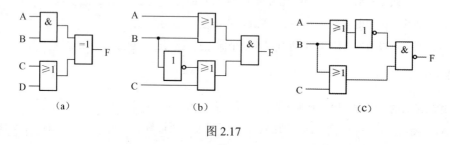

(a)　　　　　　　(b)　　　　　　　(c)

图 2.17

2.23 某车间有黄、红两个故障指示灯，用来监测三台设备的工作情况。当只有一台设备有故障时黄灯亮；若有两台设备同时产生故障时，红灯亮；三台设备都产生故障时，红灯和黄灯都亮。试用集成逻辑门设计一个设备运行故障监测报警电路。

项目 3 一位加法计算器的设计与制作

能力目标

(1) 能借助资料读懂集成电路的型号,明确各引脚功能。
(2) 能完成一位十进制加法计算器的逻辑电路的设计与制作。

知识目标

了解编码器、译码器、常用显示器、显示译码器、加法器的逻辑功能和主要用途,掌握编码器、译码器、常用显示器、显示译码器、加法器的基本应用,初步掌握一位十进制加法计算器的逻辑电路的设计方法。

计算器实物图如图 3.1 所示。

图 3.1 计算器实物图

3.1 【工作任务】 一位加法计算器的设计与制作

工作任务单

(1) 小组制订工作计划。
(2) 完成一位加法计算器逻辑电路的设计。
(3) 画出安装布线图。
(4) 完成电路所需元件的购买与检测。
(5) 根据布线图安装一位加法计算器电路。
(6) 完成一位加法计算器电路的功能检测和故障排除。
(7) 通过小组讨论完成电路的详细分析及编写项目实训报告。

1. 实训目标

（1）能借助资料读懂集成电路的型号，明确引脚及其功能。
（2）掌握一位加法计算器的逻辑电路设计与制作。
（3）掌握常用中规模集成电路编码器、加法器、显示译码器、移位寄存器正确使用。

2. 实训设备与器件

实训设备：数字电路实验装置 1 台。

实训器件：显示译码器 CC4511 2 片；BCD 码加法器 CC14560 1 片；移位寄存器 CC40194 2 片；BCD 码优先编码器 74LS147 1 片；四 2 输入与门 74LS08 1 片；六非门 CC4069 1 片；BS202LED 显示器 2 个。

3. 实训内容与步骤

（1）编码电路的安装及测试。安装及测试步骤如下：

① 查阅资料，了解需使用集成电路的引脚及其功能。

② 参考原理图如图 3.2 所示，设计并安装编码电路。

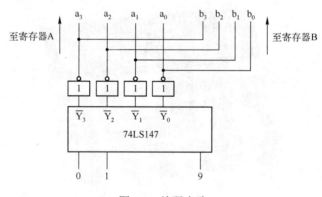

图 3.2 编码电路

③ 编码电路的测试。根据安装好的编码电路，依次输入 0～9 十个数码，记录 $a_3 a_2 a_1 a_0$ 的状态到表 3.1 中。

表 3.1 74LS147 编码电路的测试

十进制数	输入									输出						
	$\bar{I}_9$	$\bar{I}_8$	$\bar{I}_7$	$\bar{I}_6$	$\bar{I}_5$	$\bar{I}_4$	$\bar{I}_3$	$\bar{I}_2$	$\bar{I}_1$	$\bar{Y}_3$	$\bar{Y}_2$	$\bar{Y}_1$	$\bar{Y}_0$	a_3	a_2	a_1 a_0
0	1	1	1	1	1	1	1	1	1	1	1	1	1			
1	1	1	1	1	1	1	1	1	0	1	1	1	0			
2	1	1	1	1	1	1	1	0	×	1	1	0	1			
3	1	1	1	1	1	1	0	×	×	1	1	0	0			
4	1	1	1	1	1	0	×	×	×	1	0	1	1			
5	1	1	1	1	0	×	×	×	×	1	0	1	0			
6	1	1	1	0	×	×	×	×	×	1	0	0	1			
7	1	1	0	×	×	×	×	×	×	1	0	0	0			
8	1	0	×	×	×	×	×	×	×	0	1	1	1			
9	0	×	×	×	×	×	×	×	×	0	1	1	0			

（2）数码寄存电路的安装及测试。数码寄存电路主要由两个 CC40194、与门、非门等组成。图 3.3 所示为数码寄存电路的原理图。

数码寄存电路工作过程如下：

先令 $\overline{C_R}$=0，寄存器被清零，寄存器 A 和寄存器 B 的输出均为 0000；再令 $\overline{C_R}$=1，准备开始工作。起初 S_1、S_2 均为高电平（工作前 S_1 必须置于"1"），输入十进制数 A 时，由于寄存器 A 的 M_1M_0=11，寄存器 B 的 M_1M_0=00，所以当 CP 的上升沿到后，寄存器 A 存入数码 $a_3a_2a_1a_0$，经与门送到加法器，而寄存器 B 的输出仍为 0000 不变，直接送入加法器。把开关 S_1 由"1"置为"0"后（相当于按加号键），输入十进制数 B 时，由于寄存器 A 的 M_1M_0=00，寄存器 B 的 M_1M_0=11，所以当 CP 上升沿到后，寄存器 A 保持原来的状态 $a_3a_2a_1a_0$，但由于门 G_1~G_4 均被封锁，故 $a_3a_2a_1a_0$ 不能被送入加法器（只有 0000 被送入）；而寄存器 B 存入数码 $b_3b_2b_1b_0$ 并将数码送入加法器。

把 S_2 置于高电平"1"（相当于按等号键），则两个寄存器的数码 $a_3a_2a_1a_0$、$b_3b_2b_1b_0$ 同时送入加法器。

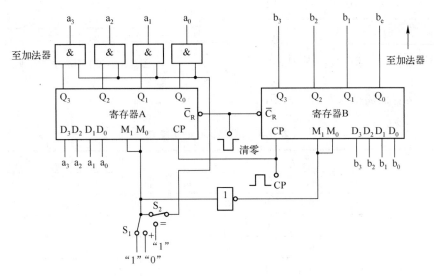

图 3.3 数码寄存电路

① 参考图 3.3，安装数码寄存电路。

② 根据数据寄存的过程及原理，使用逻辑电平显示器，对寄存器进行测试，并将测试结果记录分析，完成表 3.2。

表 3.2 CC40194 寄存器的测试结果

$\overline{C_R}$	M_1	M_0	输入				输出			
			D_3	D_2	D_1	D_0	Q_3	Q_2	Q_1	Q_0
0	×	×	×	×	×	×				
1	0	0	×	×	×	×				
1	1	1	d_3	d_2	d_1	d_0				

（3）加法运算电路及译码显示电路。加法运算电路采用集成 BCD 加法器 CC14560、显示译码器 CC4511 和 LED 显示器 BS202。加法运算及译码显示原理图如图 3.4 所示。

① 查阅资料，了解 CC14560 的引脚排列及功能，完成图 3.5 所示引脚排列及 CC14560 的功能表（见表 3.3）。

② 根据如图 3.4 所示的加法运算及译码显示原理图，完成加法运算电路及显示电路的安装。

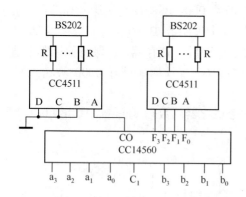

图 3.4 加法运算及译码显示原理图

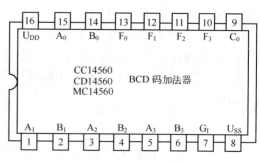

图 3.5 CC14560 引脚排列

③ 加法运算的验证（与表 3.3 相比较）。

表 3.3 CC14560 的功能表

输 入									输 出				
a_3	a_2	a_1	a_0	b_3	b_2	b_1	b_0	C_I	C0	F_3	F_2	F_1	F_0
0	0	0	0	0	0	0	0	0					
0	0	0	0	0	0	0	0	1					
0	1	0	0	0	0	1	1	0					
0	1	0	0	0	0	1	1	1					
0	1	1	1	0	1	0	0	0					
0	1	1	1	0	1	0	0	1					
1	0	0	0	0	1	0	1	0					
1	0	0	0	0	1	0	1	1					
0	1	1	0	1	0	0	0	0					
1	0	0	1	1	0	0	1	1					

（4）完成一位十进制加法计算器整体电路的安装，并进行功能测试验证。

4．实训注意事项

（1）集成块插入槽中，使标志向左，不能插反，然后明确引脚及其功能。

（2）电源采用 5V 直流电源。

（3）开关 S_1 开始时应置于高电平。

5．完成电路的详细分析及编写项目实训报告

整理相关资料，完成电路的详细分析及编写项目实训报告。

6．实训考核

一位加法计算器的逻辑电路设计与制作工作过程考核表如表 3.4 所示。

表 3.4　一位加法计算器的逻辑电路设计与制作工作过程考核表

项目	内容	配分	考核要求	扣分标准	得分
实训态度	1．实训的积极性 2．安全操作规程的遵守情况 3．纪律遵守情况	20分	积极实训，遵守安全操作规程和劳动纪律，有良好的职业道德和敬业精神	违反安全操规程扣10分，不遵守劳动纪律扣10分	
编码电路	1．编码电路的设计安装 2．编码电路的功能验证	20分	电路设计、安装及功能验证	安装错误一处扣5分，功能验证不正确扣10分	
数码寄存电路	1．数码寄存电路设计安装 2．数码寄存电路的验证	20分	电路设计、安装及功能验证	安装错误一处扣5分，功能验证不正确扣10分	
加法运算电路	1．加法运算电路设计安装 2．加法运算电路的验证	20分	电路设计、安装及功能验证	安装错误一处扣5分，功能验证不正确扣10分	
加法计算器电路的测试	一位加法计算器的逻辑电路测试	20分	加法运算演示正确	不能正确演示，扣20分	
合计		100分			
注：各项配分扣完为止					

3.2 【知识链接】 数制与编码的基础知识

3.2.1 数制

数制是一种计数的方法，它是进位计数制的简称。这些数制所用的数字符号叫做数码，某种数制所用数码的个数称为基数。

1．十进制（Decimal）

日常生活中人们最习惯用的是十进制数。十进制是以 10 为基数的计数制。在十进制数中，每位有 0～9 十个数码，它的进位规则是"逢十进一、借一当十"。如：

$$(6341)_{10}=6\times10^3+3\times10^2+4\times10^1+1\times10^0$$

其中，10^3，10^2，10^1，10^0 为千位、百位、十位、个位的权，它们都是基数 10 的幂。数码与权的乘积，称为加权系数，如上述的 6×10^3，3×10^2，4×10^1，1×10^0。十进制的数值是各位加权系数的和。

由此可见，任意一个十进制整数$(N)_{10}$，都可以用下式表示：

$$(N)_{10}=k_{n-1}\times10^{n-1}+k_{n-2}\times10^{n-2}+\cdots+k_1\times10^1+k_0\times10^0$$

式中，k_{n-1}、$k_{n-2}\cdots k_1$、k_0 为以 0、1、2、3、…、9 表示的数码。

2．二进制（Binary）

数字电路中应用最广泛的是二进制数。二进制是以 2 为基数的计数制。在二进制数中，每位只有 0 和 1 两个数码，它的进位规则是"逢二进一、借一当二"，如：

$$(1011)_2 = 1×2^3 + 0×2^2 + 1×2^1 + 1×2^0 = 8+0+2+1 = (11)_{10}$$

各位的权都是 2 的幂，以上 4 位二进制数所在位的权依次为 2^3，2^2，2^1，2^0。

与十进制数相似，任意一个二进制整数 $(N)_2$ 可以用下式表示：

$$(N)_2 = k_{n-1}×2^{n-1} + k_{n-2}×2^{n-2} + \cdots + k_1×2^1 + k_0×2^0$$

式中，k_{n-1}、k_{n-2}、…、k_1、k_0 为以 0、1 表示的数码。

3．八进制和十六进制（Octal and Hexadecimal）

用二进制表示数时，数码串很长，书写和显示都不方便，在计算机上常用八进制数和十六进制数。

八进制数有 0～7 八个数码，进位规则是"逢八进一、借一当八"，计数基数是 8，如：

$$(253)_8 = 2×8^2 + 5×8^1 + 3×8^0 = 128+40+3 = (171)_{10}$$

十六进制数有 0～9，A，B，C，D，E，F 16 个数码，进位规则是"逢十六进一、借一当十六"，计数基数是 16，如：

$$(1AD)_{16} = 1×16^2 + 10×16^1 + 13×16^0 = 256+160+13 = (429)_{10}$$

小问答

与前面述及的二进制数和十进制数相似，任意一个八进制数或十进制数也能用一个数学式子表示，请写出该表达式。

3.2.2 不同数制之间的转换

（1）各种数制转换成十进制。用按权展开求和法。

例 3.1 将二进制数 $(10101)_2$ 转换成十进制数。

解：只要将二进制数的各位加权系数求和即可。

$$(10101)_2 = 1×2^4 + 0×2^3 + 1×2^2 + 0×2^1 + 1×2^0 = 16+0+4+0+1 = (21)_{10}$$

（2）十进制转换为二进制。需将整数和小数分别转换，整数部分用"除 2 取余，后余先读"法；小数部分用"乘 2 取整，前整先读"法。

例 3.2 将十进制数 $(25.375)_{10}$ 转换成二进制数。

解：

2	25		余数		0.375	整数
2	12		1		×2	
					0.750	0
2	6		0	读数顺序	×2	读数顺序
2	3		0		1.500	1
2	1		1		×2	
	0		1		1.000	1

$$(25.375)_{10} = (11001.011)_2$$

（3）二进制与八进制之间的相互转换。

① 二进制数转换成八进制数。从小数点开始，整数部分向左（小数部分向右）三位一组，最后不足三位的加 0 补足三位，再按顺序写出各组对应的八进制数。

例 3.3 将二进制数 $(11100101.11101011)_2$ 转换成八进制数。

解：

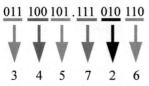

$(11100101.11101011)_2 = (345.726)_8$

② 八进制数转换成二进制数。

例 3.4 将八进制数 $(745.361)_8$ 转换成二进制数。

解： 将每位八进制数用三位二进制数代替，再按原顺序排列。

$$(745.361)_8 = (111100101.011110001)_2$$

（4）二进制与十六进制之间的相互转换。

① 二进制数转换成十六进制数。从小数点开始，整数部分向左（小数部分向右）4 位一组，最后不足四位的加 0 补足 4 位，再按顺序写出各组对应的十六进制数。

例 3.5 将二进制数 $(10011111011.111011)_2$ 转换成十六进制数。

解：

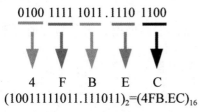

$(10011111011.111011)_2 = (4FB.EC)_{16}$

② 十六进制数转换成二进制数。

例 3.6 将十六进制数 $(3BE5.97D)_{16}$ 转换成二进制数。

解： 将每位十六进制数用 4 位二进制数代替，再按原顺序排列。

$(3BE5.97D)_{16} = (11101111100101.100101111101)_2$

3.2.3 编码

在数字系统中，二进制数码不仅可表示数值的大小，而且常用于表示特定的信息。将若干个二进制数码 0 和 1 按一定的规则排列起来表示某种特定含义的代码，称为二进制代码。建立这种代码与图形、文字、符号或特定对象之间一一对应关系的过程，就称为编码。如在开运动会时，每个运动员都有一个号码，这个号码只用于表示不同的运动员，并不表示数值的大小。

将十进制数的 0~9 十个数字用二进制数表示的代码，称为二—十进制码，又称 BCD 码。常用的二—十进制代码为 8421BCD 码，这种代码每一位的权值是固定不变的，为恒权码。它取了 4 位自然二进制数的前 10 种组合，即 0000（0）~1001（9），从高位到低位的权值分别是 8，4，2，1，去掉后 6 种组合 1010~1111，所以称为 8421BCD 码。如 $(1001)_{8421BCD} = (9)_{10}$，$(53)_{10} = (01010011)_{8421BCD}$。表 3.5 所示是十进制数与常用 BCD 码的对应关系。

表 3.5 十进制数与常用 BCD 码的对应关系

十进制数	8421 码	余 3 码	格雷码	2421 码	5421 码
0	0000	0011	0000	0000	0000
1	0001	0100	0001	0001	0001
2	0010	0101	0011	0010	0010
3	0011	0110	0010	0011	0011
4	0100	0111	0110	0100	0100
5	0101	1000	0111	1011	1000
6	0110	1001	0101	1100	1001
7	0111	1010	0100	1101	1010
8	1000	1011	1100	1110	1011
9	1001	1100	1101	1111	1100

3.3 【知识链接】 编码器

实现编码功能的逻辑电路，称为编码器。编码器又分为普通编码器和优先编码器两类。在普通编码器中，任何时刻只允许一个信号输入，如果同时有两个以上的信号输入，输出将发生混乱。在优先编码器中，对每一位输入都设置了优先权，因此，当同时有两个以上的信号输入时，优先编码器只对优先级别较高的输入进行编码，从而保证了编码器有序地工作。

目前常用的中规模集成电路编码器都是优先编码器，它们使用起来非常方便。下面讨论的二进制编码器和二—十进制编码器都是优先编码器。

3.3.1 二进制编码器

用 n 位二进制代码对 2^n 个信号进行编码的电路就是二进制编码器。下面以 74LS148 集成电路编码器为例，介绍二进制编码器。

74LS148 是 8 线—3 线优先编码器，常用于优先中断系统和键盘编码。它有 8 个输入信号，3 个输出信号。由于它是优先编码器，故允许同时输入多个信号，但只对其中优先级别最高的信号进行编码。

如图 3.6 所示为 74LS148 引脚排列图及逻辑符号图，其中 $\bar{I}_0 \sim \bar{I}_7$ 是编码输入端，低电平有效。$\bar{Y}_2$、$\bar{Y}_1$、$\bar{Y}_0$ 为编码输出端，也是低电平有效，即以反码输出。$\overline{ST}$、$\bar{Y}_{EX}$、$\bar{Y}_S$ 为使能端。

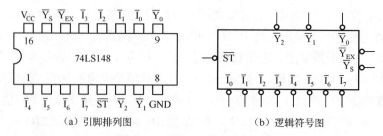

(a) 引脚排列图　　　　　　(b) 逻辑符号图

图 3.6　74LS148 优先编码器

74LS148 的功能真值表如表 3.6 所示。

表 3.6 优先编码器 74LS148 的真值表

输入									输出				
$\overline{ST}$	$\overline{I_7}$	$\overline{I_6}$	$\overline{I_5}$	$\overline{I_4}$	$\overline{I_3}$	$\overline{I_2}$	$\overline{I_1}$	$\overline{I_0}$	$\overline{Y_2}$	$\overline{Y_1}$	$\overline{Y_0}$	$\overline{Y_{EX}}$	$\overline{Y_S}$
1	×	×	×	×	×	×	×	×	1	1	1	1	1
0	1	1	1	1	1	1	1	1	1	1	1	1	0
0	0	×	×	×	×	×	×	×	0	0	0	0	1
0	1	0	×	×	×	×	×	×	0	0	1	0	1
0	1	1	0	×	×	×	×	×	0	1	0	0	1
0	1	1	1	0	×	×	×	×	0	1	1	0	1
0	1	1	1	1	0	×	×	×	1	0	0	0	1
0	1	1	1	1	1	0	×	×	1	0	1	0	1
0	1	1	1	1	1	1	0	×	1	1	0	0	1
0	1	1	1	1	1	1	1	0	1	1	1	0	1

从表中不难看出，当 $\overline{ST}=1$ 时，电路处于禁止工作状态，此时无论 8 个输入端为何种状态，3 个输出端都为高电平。$\overline{Y_{EX}}$ 和 $\overline{Y_S}$ 也为高电平，编码器不工作。当 $\overline{ST}=0$ 时，电路处于正常工作状态，允许 $\overline{I_0} \sim \overline{I_7}$ 中同时有几个输入端为低电平，即同时有几路编码输入信号有效，但它只给优先级较高的输入信号编码。在 8 个输入信号 $\overline{I_0} \sim \overline{I_7}$ 中，$\overline{I_7}$ 的优先权最高，然后依次递减，$\overline{I_0}$ 的优先权最低。例如，当 $\overline{I_7}$ 输入低电平时，其他输入端为任意状态（表中以×表示），输出端只输出 $\overline{I_7}$ 的编码，输出 $\overline{Y_2}\overline{Y_1}\overline{Y_0}=000$，为反码，其原码为 111；当 $\overline{I_7}=1$、$\overline{I_6}=0$ 时，其他输入端为任意状态，只对 $\overline{I_6}$ 进行编码，输出为 $\overline{Y_2}\overline{Y_1}\overline{Y_0}=001$，其原码为 110，其余状态依此类推。当输出 $\overline{Y_2}\overline{Y_1}\overline{Y_0}=111$ 时，由 $\overline{Y_{EX}}\overline{Y_S}$ 的不同状态来区分电路的 3 种情况，① $\overline{Y_{EX}}\overline{Y_S}=11$，表示电路处于禁止工作状态；② $\overline{Y_{EX}}\overline{Y_S}=10$，表示电路处于工作状态，但没有输入编码信号；③ $\overline{Y_{EX}}\overline{Y_S}=01$ 时，表示电路在对 $\overline{I_0}$ 编码。

3.3.2 二-十进制编码器

将十进制数的 0～9 编成二进制代码的电路就是二-十进制编码器。下面以 74LS147 集成 8421BCD 码优先编码器为例加以介绍。如图 3.7 所示为 74LS147 引脚排列图及逻辑符号图。74LS147 优先编码器的功能真值表如表 3.7 所示。

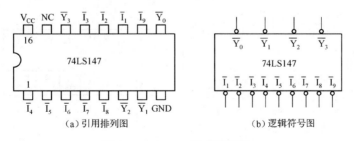

图 3.7 74LS147 优先编码器

由该表可见，编码器有 9 个编码信号输入端（$\overline{I_1} \sim \overline{I_9}$），低电平有效，其中 $\overline{I_9}$ 的优先级

别最高，$\bar{I}_1$的级别最低；4个编码输出端（$\bar{Y}_3$、$\bar{Y}_2$、$\bar{Y}_1$、$\bar{Y}_0$），以反码输出，$\bar{Y}_3$为最高位，$\bar{Y}_0$为最低位。一组4位二进制代码表示1位十进制数。若无信号输入即9个输入端全为"1"，则输出$\bar{Y}_3\bar{Y}_2\bar{Y}_1\bar{Y}_0$=1111，为反码，其原码为0000，表示输入十进制数是0。若$\bar{I}_1 \sim \bar{I}_9$有信号输入，则根据输入信号的优先级别输出级别最高的信号的编码。例如，当$\bar{I}_9$输入低电平时，其他输入端为任意状态（表中以×表示），输出端只输出$\bar{I}_9$的编码，输出$\bar{Y}_3\bar{Y}_2\bar{Y}_1\bar{Y}_0$=0110，为反码，其原码为1001，表示输入十进制数是9；当$\bar{I}_9$=1、$\bar{I}_8$=0时，其他输入端为任意状态，只对$\bar{I}_8$进行编码，输出为$\bar{Y}_3\bar{Y}_2\bar{Y}_1\bar{Y}_0$=0111，其原码为1000，表示输入十进制数是8；其余状态依此类推。

表3.7　74LS147优先编码器的功能真值表

输入									输出			
$\bar{I}_9$	$\bar{I}_8$	$\bar{I}_7$	$\bar{I}_6$	$\bar{I}_5$	$\bar{I}_4$	$\bar{I}_3$	$\bar{I}_2$	$\bar{I}_1$	$\bar{Y}_3$	$\bar{Y}_2$	$\bar{Y}_1$	$\bar{Y}_0$
1	1	1	1	1	1	1	1	1	1	1	1	1
0	×	×	×	×	×	×	×	×	0	1	1	0
1	0	×	×	×	×	×	×	×	0	1	1	1
1	1	0	×	×	×	×	×	×	1	0	0	0
1	1	1	0	×	×	×	×	×	1	0	0	1
1	1	1	1	0	×	×	×	×	1	0	1	0
1	1	1	1	1	0	×	×	×	1	0	1	1
1	1	1	1	1	1	0	×	×	1	1	0	0
1	1	1	1	1	1	1	0	×	1	1	0	1
1	1	1	1	1	1	1	1	0	1	1	1	0

3.4　【知识链接】　译码器

译码是编码的逆过程，就是将编码时二进制代码中所含的原意翻译出来，实现译码功能的电路称为译码器。常用的译码器有二进制译码器、二-十进制译码器和显示译码器。

3.4.1　二进制译码器

二进制译码器输入的是二进制代码，输出的是一系列与输入代码对应的信息。

74LS138是集成3线-8线译码器，其引脚排列图和逻辑符号图见如图3.8所示。该译码器共有3个输入端：A_0、A_1、A_2，输入高电平有效；有8个输出端：$\bar{Y}_0 \sim \bar{Y}_7$，输出低电平有效；有3个使能端：S_A、$\bar{S}_B$、$\bar{S}_C$。

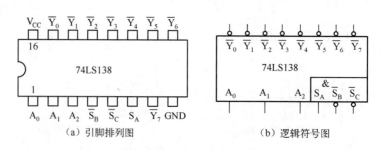

图3.8　74LS138译码器

74LS138译码器的功能真值表如表3.8所示。

表 3.8 74LS138 译码器的功能真值表

输入						输出								备注
S_A	$\overline{S}_B$	$\overline{S}_C$	A_2	A_1	A_0	$\overline{Y}_0$	$\overline{Y}_1$	$\overline{Y}_2$	$\overline{Y}_3$	$\overline{Y}_4$	$\overline{Y}_5$	$\overline{Y}_6$	$\overline{Y}_7$	
0	×	×	×	×	×	1	1	1	1	1	1	1	1	不工作
×	1	×	×	×	×	1	1	1	1	1	1	1	1	
×	×	1	×	×	×	1	1	1	1	1	1	1	1	
1	0	0	0	0	0	0	1	1	1	1	1	1	1	工作
1	0	0	0	0	1	1	0	1	1	1	1	1	1	
1	0	0	0	1	0	1	1	0	1	1	1	1	1	
1	0	0	0	1	1	1	1	1	0	1	1	1	1	
1	0	0	1	0	0	1	1	1	1	0	1	1	1	
1	0	0	1	0	1	1	1	1	1	1	0	1	1	
1	0	0	1	1	0	1	1	1	1	1	1	0	1	
1	0	0	1	1	1	1	1	1	1	1	1	1	0	

由该表可见，当 $S_A=0$ 或者 $\overline{S}_B$、$\overline{S}_C$ 中有一个为"1"时，译码器处于禁止状态；当 $S_A=1$，且 $\overline{S}_B=\overline{S}_C=0$ 时，译码器处于工作状态。74LS138 译码器输出端与输入端 A_0、A_1、A_2 的逻辑函数关系为：

$$\overline{Y}_0 = \overline{\overline{A}_2 \overline{A}_1 \overline{A}_0} \qquad \overline{Y}_4 = \overline{A_2 \overline{A}_1 \overline{A}_0}$$

$$\overline{Y}_1 = \overline{\overline{A}_2 \overline{A}_1 A_0} \qquad \overline{Y}_5 = \overline{A_2 \overline{A}_2 A_0}$$

$$\overline{Y}_2 = \overline{\overline{A}_2 A_1 \overline{A}_0} \qquad \overline{Y}_6 = \overline{A_2 A_1 \overline{A}_0}$$

$$\overline{Y}_3 = \overline{\overline{A}_2 A_1 A_0} \qquad \overline{Y}_7 = \overline{A_2 A_1 A_0}$$

3.4.2 二-十进制译码器

将 4 位二-十进制代码翻译成 1 位十进制数字的电路就是二-十进制译码器。这种译码器有 4 个输入端，10 个输出端，又称 4 线-10 线译码器。常用的集成的型号有 74LS145 和 74LS42。如图 3.9 所示是 74LS42 的引脚排列图和逻辑符号图。

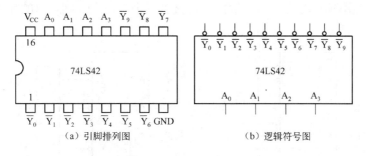

图 3.9 74LS42 译码器

74LS42 译码器的功能真值表如表 3.9 所示。

从表中可见，该电路的输入 $A_3 A_2 A_1 A_0$ 是 8421BCD 码，输出的是与 10 个十进制数字相对应的 10 个信号，用 $\overline{Y}_0 \sim \overline{Y}_9$ 表示，低电平有效。例如，当 $A_3 A_2 A_1 A_0 = 0000$ 时，输出端 $\overline{Y}_0 = 0$，其余输出端均为 1；当 $A_3 A_2 A_1 A_0 = 0001$ 时，输出端 $\overline{Y}_1 = 0$，其余输出端均为 1。如果输入 1010～1111 这 6 个伪码时，输出 $\overline{Y}_0 \sim \overline{Y}_9$ 均为 1，所以它具有拒绝伪码的功能。

表 3.9　74LS42 译码器的功能真值表

十进制数	输入				输出									
	A_3	A_2	A_1	A_0	$\overline{Y}_0$	$\overline{Y}_1$	$\overline{Y}_2$	$\overline{Y}_3$	$\overline{Y}_4$	$\overline{Y}_5$	$\overline{Y}_6$	$\overline{Y}_7$	$\overline{Y}_8$	$\overline{Y}_9$
0	0	0	0	0	0	1	1	1	1	1	1	1	1	1
1	0	0	0	1	1	0	1	1	1	1	1	1	1	1
2	0	0	1	0	1	1	0	1	1	1	1	1	1	1
3	0	0	1	1	1	1	1	0	1	1	1	1	1	1
4	0	1	0	0	1	1	1	1	0	1	1	1	1	1
5	0	1	0	1	1	1	1	1	1	0	1	1	1	1
6	0	1	1	0	1	1	1	1	1	1	0	1	1	1
7	0	1	1	1	1	1	1	1	1	1	1	0	1	1
8	1	0	0	0	1	1	1	1	1	1	1	1	0	1
9	1	0	0	1	1	1	1	1	1	1	1	1	1	0
无效码	1	0	1	0	1	1	1	1	1	1	1	1	1	1
	1	0	1	1	1	1	1	1	1	1	1	1	1	1
	1	1	0	0	1	1	1	1	1	1	1	1	1	1
	1	1	0	1	1	1	1	1	1	1	1	1	1	1
	1	1	1	0	1	1	1	1	1	1	1	1	1	1
	1	1	1	1	1	1	1	1	1	1	1	1	1	1

3.4.3 译码器的应用

由于二进制译码器的输出为输入变量的全部最小项，即每一个输出对应一个最小项，而任何一个逻辑函数都可变换为最小项之和的标准式，因此，用译码器和门电路可实现任何单输出或多输出的组合逻辑函数。

例 3.7　用译码器实现逻辑函数 $L = \sum m(0, 3, 7)$

解： 由于 $L = \sum m(0, 3, 7)$ 是 3 变量逻辑函数，所以可以选用 3 线-8 线译码器 74LS138 来实现。将逻辑函数的变量 A、B、C 分别加到 74LS138 译码器的输入端 A_2，A_1，A_0，而译码器中与逻辑函数 L 所具有的最小项相对应的所有输出端，连接到一个与非门的输入上，则与非门的输出就是逻辑函数 L，如图 3.10（a）所示。也可将译码器与逻辑函数 L 的反函数所具有的最小项相对应的所有输出，连接到一个与门上。则与门的输出就是逻辑函数 L，如图 3.10（b）所示。

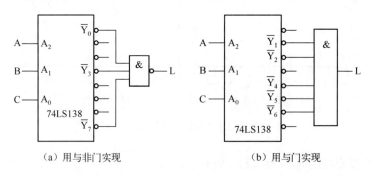

（a）用与非门实现　　　　　　（b）用与门实现

图 3.10　用 74LS138 实现逻辑函数 $L = \sum m(0, 3, 7)$

（1）用与非门实现，如图 3.10（a）所示。

$$L = \sum m(0, 3, 7) = \overline{A}\,\overline{B}\,\overline{C} + \overline{A}BC + ABC$$

$$L = \overline{\overline{A} \cdot \overline{B} \cdot \overline{C}} \cdot \overline{\overline{A} \cdot B \cdot C} \cdot \overline{A \cdot \overline{B} \cdot C} = \overline{\overline{Y_0} \cdot \overline{Y_3} \cdot \overline{Y_7}}$$

（2）用与门实现，如图 3.10（b）所示。

因为 $\overline{L} = \sum m(1,2,4,5,6) = \overline{A} \cdot \overline{B} \cdot C + \overline{A}B\overline{C} + A \cdot \overline{B} \cdot \overline{C} + A\overline{B}C + AB\overline{C}$

所以可得：$L = \overline{\overline{L}} = \overline{\overline{A} \cdot \overline{B} \cdot C + \overline{A}B\overline{C} + A \cdot \overline{B} \cdot \overline{C} + A\overline{B}C + AB\overline{C}}$

$= \overline{\overline{A} \cdot \overline{B} \cdot C} \cdot \overline{\overline{A}B\overline{C}} \cdot \overline{A \cdot \overline{B} \cdot \overline{C}} \cdot \overline{A\overline{B}C} \cdot \overline{AB\overline{C}} = \overline{Y_1} \cdot \overline{Y_2} \cdot \overline{Y_4} \cdot \overline{Y_5} \cdot \overline{Y_6}$

3.5 【任务训练】 译码器逻辑功能测试及应用

工作任务单

（1）识别中规模集成译码器的功能，引脚分布。
（2）完成译码器逻辑功能的测试。
（3）完成用译码器设计设备运行故障监测报警电路。
（4）编写实训及设计报告。

1. 实训目标

（1）掌握译码器逻辑功能的测试方法。
（2）了解中规模集成译码器的功能，引脚分布，掌握其逻辑功能。
（3）掌握用译码器设计组合逻辑电路的方法。

2. 实训设备与器件

实训设备：数字电路实验装置 1 台。
实训器件：74LS138 1 片、74LS20 1 片。

3. 实验内容与步骤

（1）集成译码器 74LS138 逻辑功能测试。进行控制端功能测试和逻辑功能测试。

① 控制端功能测试。测试电路如图 3.11（b）所示。74LS138 芯片的 A_2、A_1、A_0、S_A、$\overline{S_B}$、$\overline{S_C}$ 接逻辑电平开关，$\overline{Y_0} \sim \overline{Y_7}$ 接逻辑电平指示，电源用实验箱上+5V 电源，先将 A_2、A_1、A_0 端开路，按表 3.10 所示条件输入开关状态，观察并记录译码器输出状态。LED 电平指示灯亮为 1，灯不亮为 0。

表 3.10 74LS138 译码器控制端功能测试

S_A	$\overline{S_B}$	$\overline{S_C}$	A_2	A_1	A_0	$\overline{Y_0}$	$\overline{Y_1}$	$\overline{Y_2}$	$\overline{Y_3}$	$\overline{Y_4}$	$\overline{Y_5}$	$\overline{Y_6}$	$\overline{Y_7}$
0	×	×	×	×	×								
1	1	0	×	×	×								
1	0	1	×	×	×								
1	1	1	×	×	×								

② 逻辑功能测试。测试电路仍如图 3.11（b）所示，将 S_A、$\overline{S_B}$、$\overline{S_C}$ 分别置 "1"、"0"、

"0",将 A_2、A_1、A_0 按表 3.11 所示的值输入开关状态,观察并记录 $\overline{Y}_0 \sim \overline{Y}_7$ 的状态。

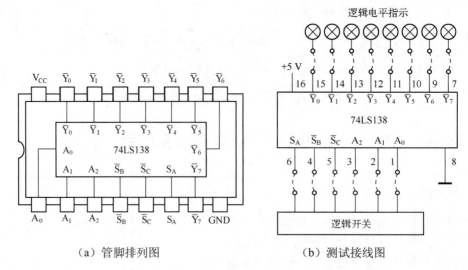

(a)管脚排列图　　　　　　　　(b)测试接线图

图 3.11　74LS138 逻辑功能测试图

表 3.11　74LS138 译码器功能测试

S_A	$\overline{S}_B$	$\overline{S}_C$	A_2	A_1	A_0	$\overline{Y}_0$	$\overline{Y}_1$	$\overline{Y}_2$	$\overline{Y}_3$	$\overline{Y}_4$	$\overline{Y}_5$	$\overline{Y}_6$	$\overline{Y}_7$
1	0	0	0	0	0								
1	0	0	0	0	1								
1	0	0	0	1	0								
1	0	0	0	1	1								
1	0	0	1	0	0								
1	0	0	1	0	1								
1	0	0	1	1	0								
1	0	0	1	1	1								

(2)用 74LS138 设计设备运行故障监测报警电路。某车间有黄、红两个故障指示灯,用来监测三台设备的工作情况。当只有一台设备有故障时黄灯亮;若有两台设备同时产生故障时,红灯亮;三台设备都产生故障时,红灯和黄灯都亮。试用译码器设计一个设备运行故障监测报警电路。

设计逻辑要求:设 A、B、C 分别为三台设备的故障信号,有故障为 1,正常工作为 0;Y_1 表示黄灯,Y_2 表示红灯,灯亮为 1,灯灭为 0。

(3)验证设备运行故障监测报警电路的逻辑功能。

4. 实训总结报告

(1)整理测试数据,并分析实验结果与理论是否相符。

(2)编写设计报告。要求:

① 列出真值表。

② 写出逻辑函数表达式。
③ 画出逻辑电路图。
(3) 自拟表格记录测试设备运行故障监测报警电路的逻辑功能。
(4) 总结用译码器设计组合逻辑电路的体会。

5. 实训考核

译码器逻辑功能测试及应用工作过程考核表如表 3.12 所示。

表 3.12 译码器逻辑功能测试及应用工作过程考核表

项目	内 容	配分	考核要求	扣分标准	得分
工作态度	1. 工作的积极性 2. 安全操作规程的遵守情况 3. 纪律遵守情况	30 分	积极参加工作，遵守安全操作规程和劳动纪律，有良好的职业道德和敬业精神	违反安全操作规程扣 20 分，不遵守劳动纪律扣 10 分	
译码器的识别	1. 译码器的型号识读 2. 译码器引脚号的识读	20 分	能回答型号含义，引脚功能明确，会画出元件引脚排列示意图	每错一处扣 2 分	
译码器的功能测试	1. 能正确连接测试电路 2. 能正确测试译码器的逻辑功能	30 分	1. 熟悉译码器的逻辑功能 2. 正确记录测试结果	验证方法不正确扣 5 分，记录测试结果不正确扣 5 分	
译码器应用电路设计	能用译码器设计一个设备运行故障监测报警电路	20	完成真值表，表达式，逻辑电路图	真值表错误扣 20 分，表达式错误扣 10 分，逻辑电路图错误扣 10 分	
合计		100 分			

注：各项配分扣完为止。

3.6 【知识链接】 数字显示电路

在数字系统中，往往要求把测量和运算的结果直接用十进制数字显示出来，以便人们观测、查看。这一任务由数字显示电路实现。数字显示电路由译码器、驱动器以及数码显示器件组成，通常译码器和驱动器都集成在一块芯片中，简称显示译码器。

3.6.1 数码显示器件

数字显示器件的种类很多，在数字系统中最常用的显示器有半导体发光二极管（LED）显示器、液晶显示器（LCD）和等离子体显示板。

1. LED 显示器

LED 显示器分为两种。一种是发光二极管（又称 LED）；另一种是发光数码管（又称 LED 数码管）。将发光二极管组成 7 段数字图形封装在一起，就做成发光数码管，又称七段 LED 显示器，其内部结构如图 3.12 所示。这些发光二极管一般采用两种连接方式，即共阴极接法和共阳极接法。控制各段的亮或灭，就可以显示不同的数字。

半导体 LED 显示元件的特点是清晰悦目，工作电压低（1.5~3V）、体积小、寿命长（一般大于 1000h）、响应速度快（1~100ns）、颜色丰富多彩（有红、黄、绿等颜色）、工作可靠。LED 数码管是目前最常用的数字显示元件，常用的共阴型号有 BS201、BS202、BS207 及 LC5011-11 等；共阳型号有 BS204、BS206 及 LA5011-11 等。

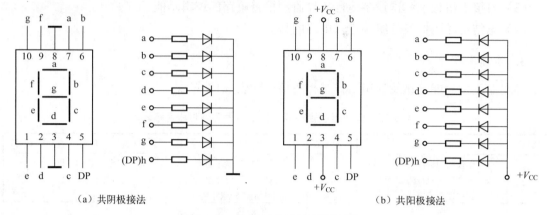

图 3.12　七段 LED 显示器的结构

2．液晶显示器（LCD）

液晶显示器是用液态晶体材料制作的，这种材料在常温下既有液态的流动性，又有固态晶体的某些光学性质。利用液晶在电场作用下产生光的散射或偏光作用原理，便可实现数字显示。

液晶显示器的最大优点是电源电压低和功耗低，电源电压（1.5～5V），电流在 μA 量级，它是各类显示器中功耗最低的，可直接用 CMOS 集成电路驱动。同时它的制造工艺简单、体积小而薄，特别适用于小型数字仪表中。液晶显示器近几年发展迅速，开始出现高清晰度、大屏幕显示的液晶器件。可以说，液晶显示器将是具有广泛前途的显示器件。

3．等离子体显示板

等离子体显示板是一种较大的平面显示器件，采用外加电压使气体放电发光，并借助放电点的组合形成数字图形。等离子体显示板结构类似液晶显示器，但两平行板间的物质是惰性气体。这种显示器件工作可靠、发光亮度大，常用于大型活动场所，我国在等离子体显示板应用方面已经取得了巨大成功。

3.6.2　显示译码器

显示译码器将 BCD 代码译成数码管所需要的相应高、低电平信号，使数码管显示出 BCD 代码所表示的对应十进制数。显示译码器的种类和型号很多，现以 74LS48 和 CC4511 为例分别介绍如下。

74LS48 是中规模集成 BCD 码七段译码驱动器。其引脚排列图和逻辑符号图如图 3.13 所示。其中 A、B、C、D 是 8421BCD 码输入端，a、b、c、d、e、f、g 是七段译码器输出驱动信号，输出高电平有效，可直接驱动共阴极数码管。$\overline{LT}$、$\overline{RBI}$、$\overline{BI}/\overline{RBO}$ 是使能端，它们起辅助控制作用，从而增强了这个译码驱动器的功能。

74LS48 使能端的辅助控制功能如下：

（1）$\overline{BI}$ 是灭灯输入端，其优先级最高，如果 $\overline{BI}=0$ 时，不论其他输入端状态如何，a～g

均输出 0，显示器全灭。

（2）$\overline{RBI}$ 是灭零输入端，当 $\overline{LT}=1$，且输入二进制码 0000 时，只有当 $\overline{RBI}=1$ 时，才产生 0 的七段显示码，如果此时输入 $\overline{RBI}=0$，则译码器的 a～g 输出全 0，使显示器全灭。

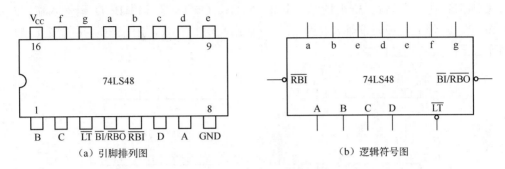

(a) 引脚排列图　　　　　　　　(b) 逻辑符号图

图 3.13　74LS48 显示译码器

（3）RBO 是灭零输出端（与灭灯输入端 $\overline{BI}$ 共一个引脚），其输出状态受 $\overline{LT}$ 和 $\overline{RBI}$ 控制，当 $\overline{LT}=1$，$\overline{RBI}=0$，且输入二进制码 0000 时，RBO=0，用以指示该片正处于灭零状态。

（4）$\overline{LT}$ 是试灯输入端，用于检查显示数码管的好坏，当 $\overline{LT}=0$，$\overline{BI}/\overline{RBO}=1$ 时，不论其他输入端状态如何，则七段显示器全亮，说明数码管各发光段全部正常。

74LS48 显示译码器的功能表如表 3.13 所示。

表 3.13　74LS48 显示译码器的功能表

功能	输入		输入/输出	输出	显示字形
	$\overline{LT}$ $\overline{RBI}$	D C B A	$\overline{BI}/\overline{RBO}$	a b c d e f g	
0	1　1	0 0 0 0	1	1 1 1 1 1 1 0	0
1	1　×	0 0 0 1	1	0 1 1 0 0 0 0	1
2	1　×	0 0 1 0	1	1 1 0 1 1 0 1	2
3	1　×	0 0 1 1	1	1 1 1 1 0 0 1	3
4	1　×	0 1 0 0	1	0 1 1 0 0 1 1	4
5	1　×	0 1 0 1	1	1 0 1 1 0 1 1	5
6	1　×	0 1 1 0	1	0 0 1 1 1 1 1	6
7	1　×	0 1 1 1	1	1 1 1 0 0 0 0	7
8	1　×	1 0 0 0	1	1 1 1 1 1 1 1	8
9	1　×	1 0 0 1	1	1 1 1 0 0 1 1	9
10	1　×	1 0 1 0	1	0 0 0 1 1 0 1	
11	1　×	1 0 1 1	1	0 0 1 1 0 0 1	
12	1　×	1 1 0 0	1	0 1 0 0 0 1 1	
13	1　×	1 1 0 1	1	1 0 0 1 0 1 1	
14	1　×	1 1 1 0	1	0 0 0 1 1 1 1	
15	1　×	1 1 1 1	1	0 0 0 0 0 0 0	
灭灯	×　×	× × × ×	0	0 0 0 0 0 0 0	全灭
灭零	1　0	0 0 0 0	1	0 0 0 0 0 0 0	全灭
试灯	0　×	× × × ×	1	1 1 1 1 1 1 1	8

小问答

若 $\overline{LT}=0$，$\overline{BI}=0$，则显示数码管显示什么状态？说明为什么？

CC4511 为中规模集成 BCD 码锁存七段译码驱动器，其引脚排列和逻辑符号如图 3.14 所示。CC4511 功能表如表 3.14 所示。其中 A、B、C、D 是 8421BCD 码输入端，a、b、c、d、e、f、g 是七段译码器输出驱动信号，输出高电平有效，用来驱动共阴极 LED 数码管。$\overline{LT}$、$\overline{BI}$、LE 是使能端。

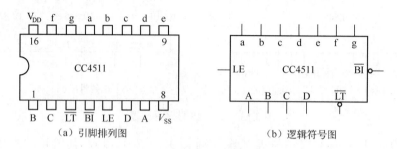

（a）引脚排列图　　　　　（b）逻辑符号图

图 3.14　CC4511 显示译码器

表 3.14　CC4511 功能表

输 入							输 出						
LE	$\overline{BI}$	$\overline{LT}$	D	C	B	A	a	b	c	d	e	f	g
×	×	0	×	×	×	×	1	1	1	1	1	1	1
×	0	1	×	×	×	×	0	0	0	0	0	0	0
0	1	1	0	0	0	0	1	1	1	1	1	1	0
0	1	1	0	0	0	1	0	1	1	0	0	0	0
0	1	1	0	0	1	0	1	1	0	1	1	0	1
0	1	1	0	0	1	1	1	1	1	1	0	0	1
0	1	1	0	1	0	0	0	1	1	0	0	1	1
0	1	1	0	1	0	1	1	0	1	1	0	1	1
0	1	1	0	1	1	0	0	0	1	1	1	1	1
0	1	1	0	1	1	1	1	1	1	0	0	0	0
0	1	1	1	0	0	0	1	1	1	1	1	1	1
0	1	1	1	0	0	1	1	1	1	0	0	1	1
0	1	1	1	0	1	0	0	0	0	0	0	0	0
0	1	1	1	0	1	1	0	0	0	0	0	0	0
0	1	1	1	1	0	0	0	0	0	0	0	0	0
0	1	1	1	1	0	1	0	0	0	0	0	0	0
0	1	1	1	1	1	0	0	0	0	0	0	0	0
0	1	1	1	1	1	1	0	0	0	0	0	0	0
1	1	1	×	×	×	×	保 持						

$\overline{LT}$ 是试灯输入端，当 $\overline{LT}$ =0 时，不论其他输入端状态如何，则七段显示管全亮，说明数码管各发光段全部正常。

$\overline{BI}$ 是消隐输入端，$\overline{BI}$ =0 时，译码输出全为 0，使数码管全灭。

LE 是锁定端，LE=1 时，译码器处于锁定（保持）状态，LE=0 时正常译码。

译码器还有拒伪功能，当输入码超过 1001 时，输出全为 "0"，数码管熄灭。

 小知识

显示译码器按输出电平高低可分为高电平有效和低电平有效两种。输出低电平有效的显示译码器（例如，74LS47、74LS247）配接共阳极接法的数码管，输出高电平有效的显示译码器（例如，74LS48、74LS248、CC4511 等）配接共阴极接法的数码管。

3.7 【任务训练】 计算器数字显示电路的制作

工作任务单

（1）识别编码器、译码器和数码管的功能，引脚分布。
（2）完成计算器数字显示电路的制作。
（3）完成计算器数字显示电路逻辑功能的测试。
（4）编写实训总结报告。

1．实训目标

（1）借助资料读懂集成电路的型号，明确各引脚功能。
（2）了解编码器、译码器和数码管的逻辑功能。
（3）熟悉 74LS147、74LS48 和数码管各引脚功能。
（4）掌握数字显示技术。

2．实训设备与器件

实训设备：数字电路实验装置 1 台。
实训器件：74LS04；74LS48；74LS147 各 1 片；按键式开关 9 个。
共阴数码管（LC5011-11）1 个；面包板、配套连接线等。

3．实训电路与说明

计算器数字显示电路如图 3.15 所示。该电路由 BCD 码优先编码器 74LS147（反码输出）、非门 74LS04、BCD 码七段译码驱动器 74LS48、共阴数码管 LC5011-11 组成。

4．实训电路的安装与功能验证

（1）安装。按如下步骤进行安装。

① 检测元件与查阅元件资料。用数字集成电路测试仪检测所用的集成电路。通过查阅集成电路手册，了解 74LS147、74LS48 和数码管的功能，初步了解各引脚的功能，确定

74LS147 和 74LS48 的引脚排列。

② 根据如图 3.15 所示的计算器数字显示电路图，画出安装布线图。

③ 根据安装布线图完成电路的安装。先在实训电路板上插接好 IC 元件。在插接元件时，要注意 IC 芯片的豁口方向（都朝左侧），同时要保证 IC 引脚与插座接触良好，引脚不能弯曲或折断。指示灯的正、负极不能接反。在通电前先用万用表检查各 IC 的电源接线是否正确，确认无误后再接电源。

（2）功能验证。验证步骤如下所述：

① 分别让 74LS147 的输入端 $I_1 \sim I_9$ 依次接低电平（其余高电平），如果电路工作正常，数码管将依次分别显示数码"1～9"。

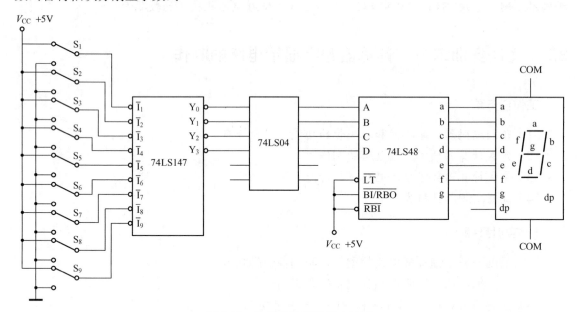

图 3.15　计算器数字显示电路图

② 参照表 3.15 所示的输入条件验证 74LS147 的优先编码功能，并将输出结果填入表中。

表 3.15　优先编码、译码显示的功能验证

输　入									输　出							显示数字
$\overline{I_9}$	$\overline{I_8}$	$\overline{I_7}$	$\overline{I_6}$	$\overline{I_5}$	$\overline{I_4}$	$\overline{I_3}$	$\overline{I_2}$	$\overline{I_1}$	反码输出				原码输出			
									$\overline{Y_3}$	$\overline{Y_2}$	$\overline{Y_1}$	$\overline{Y_0}$	$D(Y_3)$	$C(Y_2)$	$B(Y_1)\ \ A(Y_0)$	
1	1	1	1	1	1	1	1	1	1	1	1	1				
0	×	×	×	×	×	×	×	×	0	1	1	0				
1	0	×	×	×	×	×	×	×	0	1	1	1				
1	1	0	×	×	×	×	×	×	1	0	0	0				
1	1	1	0	×	×	×	×	×	1	0	0	1				
1	1	1	1	0	×	×	×	×	1	0	1	0				
1	1	1	1	1	0	×	×	×	1	0	1	1				
1	1	1	1	1	1	0	×	×	1	1	0	0				
1	1	1	1	1	1	1	0	×	1	1	0	1				
1	1	1	1	1	1	1	1	0	1	1	1	0				

5. 实训总结与分析

（1）从实训过程可以看出，该实训电路的功能就是可以根据编码要求，在数码管上显示出相应的数码，即可以显示0~9十个数字。

（2）74LS147是将一个输入信号编成了一组相应的二进制代码，因此称其为编码器。

（3）当在74LS48输入端输入不同的二进制代码时，数码管将显示不同的数字。a~g的高低电平是按照输入代码对字型的要求输出的，因此74LS48又称为字符译码器。

6. 实训考核

计算器数字显示电路的制作工作过程考核表如表3.16所示。

表3.16 计算器数字显示电路的制作工作过程考核表

项目	内 容	配分	考核要求	扣分标准	得分
工作态度	1. 工作的积极性 2. 安全操作规程的遵守情况 3. 纪律遵守情况	30分	积极参加工作，遵守安全操作规程和劳动纪律，有良好的职业道德和敬业精神	违反安全操作规程扣20分，不遵守劳动纪律扣10分	
集成电路的识别	编码器、译码器和数码管的型号识读及引脚号的识读	20分	能回答型号含义，引脚功能明确，会画出元件引脚排列示意图	每错一处扣2分	
集成电路安装	1. 计算器数字显示电路安装图的绘制 2. 按照安装图接好电路	30分	电路安装正确且符合工艺规范	电路安装不规范，每处扣2分，电路接错扣5分	
电路的功能测试	1. 计算器数字显示电路的功能验证 2. 记录测试结果	20分	1. 熟悉电路的逻辑功能 2. 正确记录测试结果	验证方法不正确扣5分，记录测试结果不正确扣5分	
合计		100分			
注：各项配分扣完为止					

3.8 【知识链接】 加法器

加法器是实现二进制加法运算的逻辑元件，它是计算机系统中最基本的运算器，计算机进行的各种算术运算（如加、减、乘、除）都要转化为加法运算。加法器又分为半加器和全加器。

3.8.1 半加器

半加器的电路结构如图3.16（a）所示，逻辑符号如图3.16（b）所示。图中A、B为两个1位二进制数的输入端，SO、CO是两个输出端。

半加器的逻辑真值表如表3.17所示。从真值表可以看出，SO是两个数相加后的本位和数输出端，CO是向高位的进位输出端，电路能完成两个1位二进制数的加法运算。这种不考虑来自低位，而只考虑本位的两个数相加的加法运算，称为半加，能实现半加运算的电路称为半加器。半加器输出端的逻辑函数表达式：

$$SO = \overline{A} \cdot B + A\overline{B} = A \oplus B$$
$$CO = AB$$

3.8.2 全加器

两个一位二进制数 A 和 B 相加时，若还要考虑从低位来的进位的加法，则称为全加，完成全加功能的电路称为全加器。全加器的电路结构如图 3.17（a）所示，逻辑符号如图 3.17（b）所示。在图中，A、B 是两个 1 位二进制加数的输入端，C_I 是低位来的进位输入端，SO 是本位和数输出端，CO 是向高位的进位输出端。全加器输出端的逻辑函数表达式为：

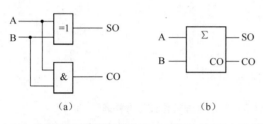

表 3.17　半加器真值表

输	入	输	出
A	B	SO	CO
0	0	0	0
0	1	1	0
1	0	1	0
1	1	0	1

图 3.16　半加器的电路结构及符号

$$SO = A \oplus B \oplus C_I$$
$$CO = \overline{A}BC_I + A\overline{B}C_I + AB\overline{C_I} + ABC_I = (A \oplus B) \cdot C_I + AB = \overline{\overline{(A \oplus B) \cdot C_I} \cdot \overline{AB}}$$

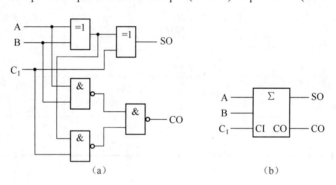

图 3.17　全加器电路结构及符号

如图 3.18 所示为集成全加器 74LS183 引脚排列图，它内部集成了两个 1 位全加器，其中 A、B、C_I 为输入端，SO、CO 为输出端。

全加器的逻辑真值表如表 3.18 所示。从真值表可以看出，SO 是两个数相加后的本位和数输出端，CO 是向高位的进位输出端。电路能完成两个 1 位二进制数以及低位来的进位的加法运算。

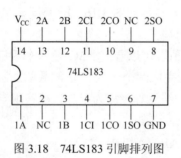

图 3.18　74LS183 引脚排列图

表 3.18　全加器真值表

输		入	输	出
A	B	C_I	SO	CO
0	0	0	0	0
0	0	1	1	0
0	1	0	1	0
0	1	1	0	1
1	0	0	1	0
1	0	1	0	1
1	1	0	0	1
1	1	1	1	1

3.8.3 多位加法器

一个全加器只能实现一位二进制数的加法运算，如果把 N 个全加器组合起来，就能实现 N 位二进制数的加法运算。实现多位二进制数相加运算的电路称为多位加法器。在构成多位加法器电路时，按进位方式不同，分为串行进位加法器和超前进位加法器两种。

1．串行进位加法器

把 N 位全加器串联起来，即依次将低位全加器的进位输出端 CO 接到相邻高位全加器的进位输入端 C_I，就构成了 N 位串行进位加法器。例如，用 4 个全加器构成的 4 位串行进位加法器电路如图 3.19 所示。

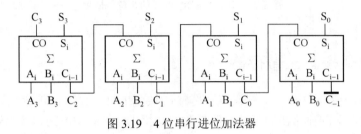

图 3.19 4 位串行进位加法器

串行进位加法器的逻辑电路比较简单，但它的运算速度不快。因为最高位的运算一定要等到所有低位的运算完成，并将进位送到后才能进行。为了提高运算速度，可以采用超前进位加法器。

2．超前进位加法器

超前进位加法器在做加法运算的同时，利用快速进位电路把各位的进位也算出来，从而加快了运算速度。中规模集成电路 74LS283 和 CD4008 就是具有这种功能的进位加法器，这种组件结构复杂，图 3.20 所示为它们的引脚排列图。

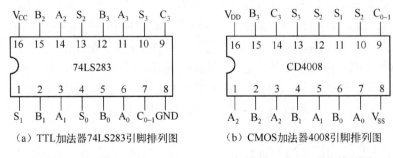

（a）TTL加法器74LS283引脚排列图　　（b）CMOS加法器4008引脚排列图

图 3.20 TTL 加法器 74LS283 和 CMOS 加法器 CD4008 引脚排列图

3．加法器的级联

一片 74LS283 只能完成 4 位二进制数的加法运算，如果要进行更多位数的计算时，可以把若干片 74LS283 级联起来，构成更多位数的加法器电路。例如，把两片 4 位加法器连成 8 位加法器的电路如图 3.21 所示，其中片（1）是低位片，完成 $A_3 \sim A_0$ 与 $B_3 \sim B_0$ 低 4 位数的加法运算，片（2）是高位片，完成 $A_7 \sim A_4$ 与 $B_7 \sim B_4$ 高 4 位数的加法运算，把低位片的进位端 C_I 接地，低位片的进位输出端 CO 接高位片的进位输入端 C_I 即可。

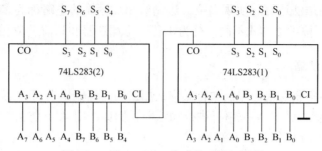

图 3.21 用 74LS283 构成的 8 位加法器

3.9 【知识链接】 寄存器

寄存器是数字电路中的一个重要数字部件，具有接收、存放及传送数码的功能。寄存器属于计算机技术中的存储器的范畴，但与存储器相比，又有些不同，如存储器一般用于存储运算结果，存储时间长，容量大，而寄存器一般只用来暂存中间运算结果，存储时间短，存储容量小，一般只有几位。

移位寄存器除了具有存储代码的功能以外，还具有移位功能，即寄存器存储的代码能在移位脉冲的作用下依次左移或右移。所以，移位寄存器不但可以用来寄存代码，还可以用来实现数据的串行-并行转换、数值的运算以及数据处理等。

目前比较常见的集成移位寄存器有 8 位单向移位寄存器 74LS164 和 4 位双向移位寄存器 74LS194，下面分别介绍。

1. 8 位单向移位寄存器 74LS164。

74LS164 是 8 位串行输入、并行输出的移位寄存器，其引脚排列如图 3.22 所示。

其中，D_{SA}、D_{SB} 为串行数据输入端，任一输入端可以作为高电平使能端，控制另一输入端数据输入，当 D_{SA}、D_{SB} 任意一个为低电平，则禁止新数据输入；当 D_{SA}、D_{SB} 有一个为高电平，则另一个就允许输入数据。$\overline{C_R}$ 为异步清零端，低电平有效；$Q_0 \sim Q_7$ 为并行数据输出端；CP 为时钟脉冲输入端，移位寄存器在每个时钟上升沿从数据输入端移入 1 位数据到 Q_0，同时依次右移 $Q_0 \sim Q_7$ 的数据。74LS164 的控制功能如表 3.19 所示。

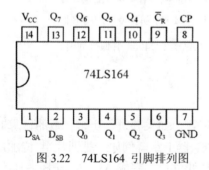

图 3.22 74LS164 引脚排列图

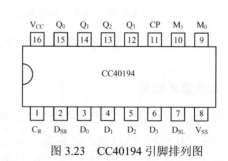

图 3.23 CC40194 引脚排列图

表3.19 74LS164移位寄存器功能表

功能	输入				输出							
	$\overline{C_R}$	CP	D_{SA}	D_{SB}	Q_0	Q_1	Q_2	Q_3	Q_4	Q_5	Q_6	Q_7
清零	0	×	×	×	0	0	0	0	0	0	0	0
保持	1	0	×	×	Q_0	Q_1	Q_2	Q_3	Q_4	Q_5	Q_6	Q_7
移位	1	↑	0	0	0	Q_0	Q_1	Q_2	Q_3	Q_4	Q_5	Q_6
	1	↑	0	1	0	Q_0	Q_1	Q_2	Q_3	Q_4	Q_5	Q_6
	1	↑	1	0	0	Q_0	Q_1	Q_2	Q_3	Q_4	Q_5	Q_6
	1	↑	1	1	1	Q_0	Q_1	Q_2	Q_3	Q_4	Q_5	Q_6

2. 4位双向通用移位寄存器74LS194。

CC40194或74LS194是一种功能比较齐全的4位双向通用移位寄存器,其引脚排列如图3.23所示。

其中,D_0、D_1、D_2、D_3为并行输入端;Q_0、Q_1、Q_2、Q_3为并行输出端;D_{SR}为右移串行输入端;D_{SL}为左移串行输入端;M_1、M_0为操作模式控制端;$\overline{C_R}$为直接无条件清零端;CP为时钟脉冲输入端。

CC40194有5种不同操作模式,即并行送数寄存(送数),右移(方向由$Q_0 \rightarrow Q_3$),左移(方向由$Q_3 \rightarrow Q_0$),保持及清零。M_1、M_0和$\overline{C_R}$端的控制作用如表3.20所示。

表3.20 CC40194移位寄存器功能表

功能	输入									输出			
	$\overline{C_R}$	M_1	M_0	CP	D_{SL}	D_{SR}	D_0	D_1	D_2	D_3	Q_0	Q_1	Q_2	Q_3
清零	0	×	×	×	×	×	×	×	×	×	0	0	0	0
保持	1	×	×	0	×	×	×	×	×	×	Q_0	Q_1	Q_2	Q_3
	1	0	0	×	×	×	×	×	×	×	Q_0	Q_1	Q_2	Q_3
送数	1	1	1	↑	×	×	d_0	d_1	d_2	d_3	d_0	d_1	d_2	d_3
右移	1	0	1	↑	×	0	×	×	×	×	0	Q_0	Q_1	Q_2
	1	0	1	↑	×	1	×	×	×	×	1	Q_0	Q_1	Q_2
左移	1	1	0	↑	0	×	×	×	×	×	Q_1	Q_2	Q_3	0
	1	1	0	↑	1	×	×	×	×	×	Q_1	Q_2	Q_3	1

本 章 小 结

1. 编码器、译码器、数据选择器、数据分配器、加法器是常用的中规模集成逻辑部件。

2. 编码器是将输入的电平信号编成二进制代码,而译码器的功能和编译器正好相反,它是将输入的二进制代码译成相应的电平信号。

3. 显示译码器按输出电平高低可分为高电平有效和低电平有效两种。输出低电平有效的显示译码器(例如74LS47、74LS247)配接共阳极接法的数码管,输出高电平有效的显示译码器(例如74LS48、74LS248、CC4511等)配接共阴极接法的数码管。

4. 不考虑来自低位，而只考虑本位的两个数相加的加法运算，称为半加；要考虑从低位来的进位的加法，则称为全加。串行进位加法器的逻辑电路比较简单，但它的运算速度不高；采用超前进位加法器可提高运算速度。

习 题 3

一、填空题

3.1 一个班级有 78 位学生，现采用二进制编码器对每位学生进行编码，则编码器输出至少_____位二进制数才能满足要求。

3.2 欲使译码器 74LS138 完成数据分配器的功能，其使能端 $\overline{S_B}$ 接输入数据 D，而 S_A 应接_____，$\overline{S_C}$ 应接_____。

3.3 共阴极 LED 数码管应与输出_____电平有效的译码器匹配，而共阳 LED 数码管应与输出_____电平有效的译码器匹配。

3.4 在数字电路中，常用的计数制除十进制外，还有_____、_____、_____。

3.5 $(10110010.1011)_2 = ($_____$)_8 = ($_____$)_{16}$

3.6 $(35.4)_8 = ($_____$)_2 = ($_____$)_{10} = ($_____$)_{16} = ($_____$)_{8421BCD}$

3.7 $(39.75)_{10} = ($_____$)_2 = ($_____$)_8 = ($_____$)_{16}$

3.8 $(5E.C)_{16} = ($_____$)_2 = ($_____$)_8 = ($_____$)_{10} = ($_____$)_{8421BCD}$

3.9 $(0111\ 1000)_{8421BCD} = ($_____$)_2 = ($_____$)_8 = ($_____$)_{10} = ($_____$)_{16}$

二、判断题（正确的打"√"，错误的打"×"）

3.10 8421 码 1001 比 0001 大。（   ）

3.11 格雷码具有任何相邻码只有一位码元不同的特性。（   ）

3.12 八进制数 $(18)_8$ 比十进制数 $(18)_{10}$ 小。（   ）

3.13 十进制数 $(9)_{10}$ 比十六进制数 $(9)_{16}$ 小。（   ）

3.14 组合逻辑电路的输出只取决于输入信号的现态。（   ）

3.15 共阴极结构的显示器需要低电平驱动才能显示。（   ）

3.16 优先编码器的编码信号是相互排斥的，不允许多个编码信号同时有效。（   ）

3.17 编码与译码是互逆的过程。（   ）

3.18 二进制译码器相当于是一个最小项发生器，便于实现组合逻辑电路。（   ）

3.19 液晶显示器的优点是功耗极小，工作电压低。（   ）

3.20 液晶显示器可以完全黑暗的工作环境中使用。（   ）

3.21 半导体数码显示器的工作电流大，约 10mA 左右，因此需要考虑电流驱动能力问题。（   ）

3.22 共阴接法发光二极管数码显示器需选用有效输出为高电平的七段显示译码器来驱动。（   ）

三、选择题

3.23 以下代码中为无权码的是（   ）。

　　A．8421BCD 码　　　　　　B．5421BCD 码　　　C．余三码　　　　D．格雷码

3.24 以下代码中为恒权码的是（　　）。
　　A. 8421BCD 码　　　　B. 5421BCD 码　　　　C. 余三码　　　　D. 格雷码

3.25 一位十六进制数可以用（　　）位二进制数来表示。
　　A. 1　　　　B. 2　　　　C. 4　　　　D. 16

3.26 十进制数 25 用 8421BCD 码表示为（　　）。
　　A. 10 101　　　　B. 0010 0101　　　　C. 100101　　　　D. 10101

3.27 与十进制数 $(53.5)_{10}$ 等值的数或代码是（　　）。
　　A. $(0101\ 0011.0101)_{8421BCD}$　　　　B. $(35.8)_{16}$　　　　C. $(110101.1)_2$　　　　D. $(65.4)_8$

3.28 与八进制数 $(47.3)_8$ 等值的数是：
　　A. $(100111.011)_2$　　　　B. $(27.6)_{16}$　　　　C. $(27.3)_{16}$　　　　D. $(100111.11)_2$

3.29 下列各型号中属于优先编译码器的是（　　）。
　　A. 74LS85　　　　B. 74LS138　　　　C. 74LS148　　　　D. 74LS48

3.30 七段数码显示器 BS202 是（　　）。
　　A. 共阳极 LED 管　　　　B. 共阴极 LED 管　　　　C. 共阳极 LCD 管　　　　D. 共阴极 LCD 管

3.31 八输入端的编码器按二进制数编码时，其输出端的个数是（　　）。
　　A. 2 个　　　　B. 3 个　　　　C. 4 个　　　　D. 8 个

3.32 四输入的译码器，其输出端最多为（　　）。
　　A. 4 个　　　　B. 8 个　　　　C. 10 个　　　　D. 16 个

3.33 当 74LS148 的输入端 $\overline{I}_0 \sim \overline{I}_7$ 按顺序输入 11011101 时，输出 $\overline{Y}_2 \sim \overline{Y}_0$ 为（　　）。
　　A. 101　　　　B. 010　　　　C. 001　　　　D. 110

3.34 用三线-八线译码器 74LS138 和辅助门电路实现逻辑函数 $Y = A_2 + \overline{A}_2\overline{A}_1$，应（　　）。
　　A. 用与非门，$Y = \overline{\overline{Y}_0 \overline{Y}_1 \overline{Y}_4 \overline{Y}_5 \overline{Y}_6 \overline{Y}_7}$　　　　B. 用与门，$Y = \overline{Y}_2 \overline{Y}_3$
　　C. 用或门，$Y = \overline{Y}_2 + \overline{Y}_3$　　　　D. 用或门，$Y = \overline{Y}_0 + \overline{Y}_1 + \overline{Y}_4 + \overline{Y}_5 + \overline{Y}_6 + \overline{Y}_7$

四、分析题

3.35 将下列二进制数转换成十进制数。
（1）$(1011)_2$　　（2）$(1010010)_2$　　（3）$(11101)_2$

3.36 将下列十进制数转换成二进制数。
（1）$(25)_{10}$　　（2）$(100)_{10}$　　（3）$(1025)_{10}$

3.37 请给出下列十进制数的 8421BCD 码。
（1）$(27)_{10}$　　（2）$(138)_{10}$　　（3）$(5209)_{10}$

3.38 请给出下列 8421BCD 码对应的十进制数。
（1）$(100100101000 01100100)_{8421BCD}$　　（2）$(10000111.0011)_{8421BCD}$

3.39 试用 74LS138 实现函数 $F(A,B,C) = \sum m(0,2,4,6,7)$

3.40 某车间有黄、红两个故障指示灯，用来监测三台设备的工作情况。当只有一台设备有故障时黄灯亮；若有两台设备同时产生故障时，红灯亮；三台设备都产生故障时，红灯和黄灯都亮。试用译码器设计一个设备运行故障监测报警电路。

3.41 试用 3 线-8 线译码器 74LS138 和适当的门电路实现一位二进制全加器。

3.42 如图 3.24 所示是 74LS138 译码器和与非门组成的电路，试写出图示电路的输出函数 F_0 和 F_1 的最简与或表达式。

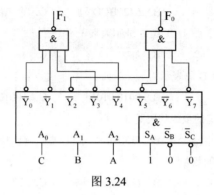

图 3.24

项目 4　电动机运行故障监测报警电路的制作

能力目标

（1）能借助资料读懂常用中规模集成电路（MSI）产品的型号，明确各引脚功能。
（2）能完成电动机运行故障监测报警电路的制作。
（3）会用中规模集成电路（MSI）设计组合逻辑电路。

知识目标

了解数据选择器、数据分配器等中规模逻辑器件的逻辑功能和主要用途。熟悉数据选择器、数据分配器的基本应用。初步掌握用中规模集成电路（MSI）设计组合逻辑电路的方法。了解大规模集成组合逻辑电路的结构和工作原理。

4.1　【工作任务】　电动机运行故障监测报警电路的制作

工作任务单

（1）小组制订工作计划。
（2）识别电动机运行故障监测报警电路原理图，明确元件连接和电路连线。
（3）画出电动机运行故障监测报警电路的安装布线图。
（4）完成电路所需元件的购买与检测。
（5）根据安装布线图制作电动机运行故障监测报警电路。
（6）完成电动机运行故障监测报警电路的功能检测和故障排除。
（7）通过小组讨论完成电路的详细分析及编写项目实训报告。
电动机运行故障监测报警电路如图 4.1 所示。

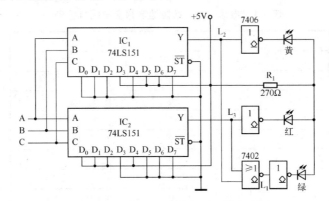

图 4.1　电动机运行故障监测报警电路图

1. 实训目标

（1）熟悉数据选择器的逻辑功能。

（2）学习用数据选择器实现组合逻辑电路的方法。

2. 实训设备与器件

实训设备：数字电路实验装置 1 台。

实训器件：数据选择器 74LS151　2 片，六非门 74LS06（OC 门）　1 片，四二输入或非门 74LS02　1 片，黄、红、绿发光二极管各 1 只，2700Ω 电阻 1 个，导线若干。

3. 实训电路与说明

（1）逻辑要求。某车间有 3 台电动机工作，监测电路对 3 台电动机工作状态进行监测。使用发光二极管显示如下检测结果：

① 绿色发光二极管亮，表示 3 台电动机都正常工作。

② 黄色发光二极管亮，表示有 1 台电动机出现故障。

③ 红色发光二极管亮，表示有 2 台以上电动机出现故障。

（2）电路说明。电动机工作状态检测输出为逻辑量 A、B、C，分别表示 3 台电动机的工作状态，例如，A=1 表示第 1 台电动机工作正常，A=0 表示第 1 台电动机出现故障。

根据题意分析，本电路有 3 个输出，分别为：L_1——绿色发光二极管状态；L_2——黄色发光二极管状态；L_3——红色发光二极管状态。

列出 3 个发光二极管与 3 台电动机工作状态逻辑关系的真值表，如表 4.1 所示。

使用 8 选 1 数据选择器 74LS151 实现的实训电路如图 4.1 所示。

4. 实训电路的安装与功能验证

（1）根据电动机运行故障监测报警电路的逻辑电路图，画出安装布线图。

（2）根据安装布线图完成电路的安装。

（3）验证电动机运行故障监测报警电路的逻辑功能（与表 4.1 比较）。

表 4.1　电动机运行故障监测报警电路真值表

输	入		输	出	
C	B	A	L_1（绿灯）	L_2（黄灯）	L_3（红灯）
0	0	0	0	0	1
0	0	1	0	0	1
0	1	0	0	0	1
0	1	1	0	1	0
1	0	0	0	0	1
1	0	1	0	1	0
1	1	0	0	1	0
1	1	1	1	0	0

5. 完成电路的详细分析及编写项目实训报告

整理相关资料，完成电路的详细分析及编写项目实训报告。

6. 实训考核

电动机运行故障监测报警电路的制作工作过程考核表如表 4.2 所示。

表 4.2　电动机运行故障监测报警电路的制作工作过程考核表

项目	内　　容	配分	考 核 要 求	扣 分 标 准	得分
工作态度	1. 工作的积极性 2. 安全操作规程的遵守情况 3. 纪律遵守情况	30 分	积极参加**工作**，遵守安全操作规程和劳动纪律，有良好的职业道德和敬业精神	违反安全操作规程扣 20 分，不遵守劳动纪律扣 10 分	
电路安装	1. 安装图的绘制 2. 按照电路图接好电路	40 分	电路安装正确且符合工艺规范	电路安装不规范，每处扣 1 分，电路接错扣 5 分	
电路的测试	1. 电动机运行故障监测报警电路的功能验证 2. 自拟表格记录测试结果	30 分	1. 熟悉电路的逻辑功能 2. 正确记录测试结果	验证方法不正确扣 5 分　记录测试结果不正确扣 5 分	
合计		100 分			
注：各项配分扣完为止					

思考

某车间有黄、红两个故障指示灯，用来监测三台设备的工作情况。当只有一台设备有故障时黄灯亮；若有两台设备同时产生故障时，红灯亮；三台设备都产生故障时，红灯和黄灯都亮。如何用数据选择器设计一个设备运行故障监测报警电路？

4.2　【知识链接】　数据选择器与数据分配器

在数字系统尤其是计算机数字系统中，为了减少传输线，经常采用总线技术，即在同一条线上对多路数据进行接收或传送。用来实现这种逻辑功能的数字电路就是数据选择器和数据分配器，如图 4.2 所示。数据选择器和数据分配器的作用相当于单刀多掷开关。数据选择器是多输入，单输出；数据分配器是单输入，多输出。

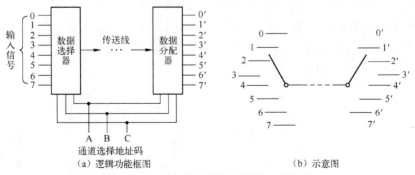

(a) 逻辑功能框图　　　　　　　　　　　(b) 示意图

图 4.2　在一条线上接收与传送 8 路数据

4.2.1　数据选择器

数据选择器有 2^n 根输入线，n 根选择控制线和一根输出线。根据 n 个选择变量的不同代码组合，在 2^n 个不同输入中选一个送到输出。常用的数据选择器有 4 选 1、8 选 1、16 选 1 等多种类型。

如图 4.3 所示是集成 8 选 1 数据选择器 74LS151 的引脚排列图和逻辑符号图。

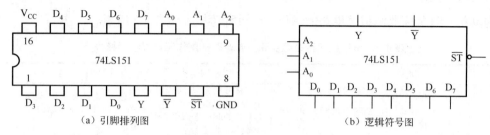

图 4.3 集成 8 选 1 数据选择器

图中 $D_0 \sim D_7$ 是 8 个数据输入端，$A_2 \sim A_0$ 是地址信号输入端，Y 和 $\overline{Y}$ 是互补输出端。输出信号选择输入信号中的哪一路，由地址信号决定。例如，地址信号 $A_2 A_1 A_0$=000 时，Y= D_0，若 $A_2 A_1 A_0$=101，则 Y= D_5。$\overline{ST}$ 为使能端，低电平有效，即当 $\overline{ST}$=0 时，数据选择器工作；当 $\overline{ST}$=1 时，数据选择器不工作。表 4.2 是 74LS151 的真值表。

8 选 1 数据选择器工作时的输出逻辑函数 Y 为：

$$Y = \overline{A_2}\,\overline{A_1}\,\overline{A_0}D_0 + \overline{A_2}\,\overline{A_1}A_0D_1 + \overline{A_2}A_1\overline{A_0}D_2 + \overline{A_2}A_1A_0D_3 + A_2\overline{A_1}\,\overline{A_0}D_4 \\ + A_2\overline{A_1}A_0D_5 + A_2A_1\overline{A_0}D_6 + A_2A_1A_0D_7$$

数据选择器是开发性较强的中规模集成电路，用数据选择器可实现任意的组合逻辑函数。一个逻辑函数，可以用门电路来实现，当电路设计并连线完成后，就再也不能改变其逻辑功能，这就是硬件电路的唯一性。用数据选择器实现逻辑函数，只要将数据输入端的信号变化一下即可改变其逻辑功能。对于 n 变量的逻辑函数，可以选用 2^n 选 1 的数据选择器来实现。

例 4.1 用 8 选 1 数据选择器 74LS151 实现逻辑函数 Y=AB+BC+AC。

解：（1）将逻辑函数转换成最小项表达式。

$$Y = AB + BC + AC = \overline{A}BC + A\overline{B}C + AB\overline{C} + ABC = \sum m(3,5,6,7)$$

（2）按照最小项的编号，将数据选择器的相应输入端接高电平，其余的输入端接低电平。即将 74LS151 的输入端 D_3、D_5、D_6、D_7 接高电平 1，将 D_0、D_1、D_2、D_4 接地，则在 Y 输出端就得到这个函数的值，如图 4.4 所示。其真值表见表 4.3。

表 4.3 74LS151 的真值表

输入				输出	
$\overline{ST}$	A_2	A_1	A_0	Y	$\overline{Y}$
1	×	×	×	0	1
0	0	0	0	D_0	$\overline{D_0}$
0	0	0	1	D_1	$\overline{D_1}$
0	0	1	0	D_2	$\overline{D_2}$
0	0	1	1	D_3	$\overline{D_3}$
0	1	0	0	D_4	$\overline{D_4}$
0	1	0	1	D_5	$\overline{D_5}$
0	1	1	0	D_6	$\overline{D_6}$
0	1	1	1	D_7	$\overline{D_7}$

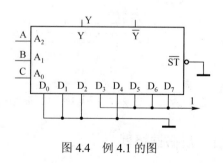

图 4.4 例 4.1 的图

小问答

当逻辑函数的变量个数多于地址码的个数时,这时如何用数据选择器实现逻辑函数?

4.2.2 数据分配器

数据分配是数据选择的逆过程。数据分配器有一根输入线,n 根选择控制线和 2^n 根输出线。根据 n 个选择变量的不同代码组合来选择输入数据从哪个输出通道输出。

在集成电路系列器件中并没有专门的数据分配器,一般说来,凡具有使能控制端输入的译码器都能做数据分配器使用。只要将译码器使能控制输入端作为数据输入端,将二进制代码输入端作为地址控制端即可。

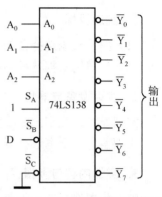

图 4.5 由 74LS138 译码器构成的 8 路数据分配器

如图 4.5 所示为由 3 线-8 线译码器 74LS138 构成的 8 路数据分配器。图中 $\overline{S}_B$ 作为数据输入端 D,$A_2 \sim A_0$ 为地址信号输入端,$\overline{Y}_0 \sim \overline{Y}_7$ 为数据输出端。

例 4.2 在许多通信应用中通信线路是成本较高的资源,为了有效利用线路资源,经常采用分时复用线路的方法。多个发送设备(如 X_0,X_1,X_2,…)与多个接收设备(如 Y_0,Y_1,Y_2,…)间只使用一条线路连接,如图 4.6 所示。

当发送设备 X_2 需要向接收设备 Y_5 发送数据时,发送设备选择电路输出"010",数据选择器将 X_2 的输出接到线路上。而接收设备选择电路输出"101",数据分配器将线路上的数据分配到接收设备 Y_5 的接收端,实现了信息传送。这种方法称为分时复用技术。

当然在 X_2 向 Y_5 传送数据时其他设备就不能传送数据,打电话时听到的"占线"或者"线路繁忙"就属于这样一种情况。

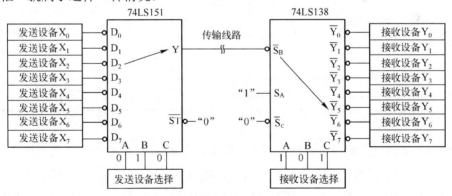

图 4.6 传输线路的分时复用方法

4.3 【任务训练】 数据选择器的功能测试及应用

工作任务单

(1) 识别中规模集成芯片数据选择器的功能、管脚分布。

(2)完成数据选择器逻辑功能的测试。
(3)完成用数据选择器设计设备运行故障监测报警电路。
(4)编写实训及设计报告。

1. 实训目标

(1)熟悉数据选择器的逻辑功能。
(2)学习用数据选择器实现组合逻辑电路的方法。

2. 实训设备与器件

实训设备：数字电路实验装置　　　　1台
实训器件：数据选择器74LS151　　　　2片

3. 实训内容与步骤

(1)数据选择器功能测试。

① 使能端功能测试。74LS151 的功能测试电路如图 4.7 所示。$\overline{ST}$、A_0、A_1、A_2 和 $D_0 \sim D_7$ 分别接逻辑电平开关，输出端 Y、$\overline{Y}$ 接逻辑电平指示，设定使能端 $\overline{ST}$ 为 1，任意改变 A_0、A_1、A_2 和 $D_0 \sim D_7$ 的状态，观察输出端 Y、$\overline{Y}$ 的结果并记录于表4.4中。

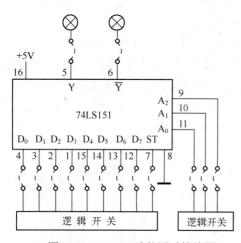

图 4.7　74LS151 功能测试接线图

表 4.4　74LS151 逻辑功能测试表

输　　入				输　　出	
A_2	A_1	A_0	$\overline{ST}$	Y	$\overline{Y}$
×	×	×	1		
0	0	0	0		
0	0	1	0		
0	1	0	0		
0	1	1	0		
1	0	0	0		
1	0	1	0		
1	1	0	0		
1	1	1	0		

② 逻辑功能测试。测试电路仍如图 4.7 所示。将 $\overline{ST}$ 置低电平"0"，此时数据选择器开始工作。当 $A_2A_1A_0$ 为 000 时，$Y=D_0$，即输出状态与 D_0 端输入状态相同，而与 $D_1D_2D_3D_4D_5D_6D_7$ 端输入状态无关。当 $A_2A_1A_0$ 为 001 时，$Y=D_1$；当 $A_2A_1A_0$ 为 010 时，$Y=D_2$；以此类推，当 $A_2A_1A_0$ 为 111 时，$Y=D_7$。

按表 4.4 要求改变 $A_2A_1A_0$ 和 $D_0 \sim D_7$ 的数据，测试输出端 Y 的状态，完成表 4.4。

(2)用数据选择器 74LS151 设计三人表决电路。

设计要求：当表决某个提案时，多数人同意，提案通过，同时 A 具有否决权。

① 写出设计过程。
② 画出接线图。

③ 列出逻辑函数的功能真值表。
④ 自拟测试表格,验证逻辑功能。
(3) 用数据选择器 74LS151 设计设备运行故障监测报警电路。

某车间有黄、红两个故障指示灯,用来监测三台设备的工作情况。当只有一台设备有故障时黄灯亮;若有两台设备同时产生故障时,红灯亮;三台设备都产生故障时,红灯和黄灯都亮。试用数据选择器设计一个设备运行故障监测报警电路。

设计逻辑要求:设 A、B、C 分别为三台设备的故障信号,有故障为 1,正常工作为 0;Y_1 表示黄灯,Y_2 表示红灯,灯亮为 1,灯灭为 0。
① 写出设计过程。
② 画出接线图。
③ 列出逻辑函数的功能真值表。
④ 自拟测试表格,验证逻辑功能。

4. 实训总结报告

(1) 整理测试数据,并分析实训结果与理论是否相符。
(2) 编写设计报告。
要求:
① 列出真值表。
② 写出逻辑函数表达式。
③ 画出逻辑电路图。
(3) 自拟表格记录测试设备运行故障监测报警电路的逻辑功能。
(4) 总结用数据选择器设计组合逻辑电路的体会。

5. 实训考核(见表 4.5)

表 4.5 数据选择器的功能测试及故障监测报警电路设计工作过程考核表

项目	内容	配分	考核要求	扣分标准	得分
实训态度	1. 实训的积极性 2. 安全操作规程的遵守情况 3. 纪律遵守情况	30 分	积极实训,遵守安全操作规程和劳动纪律,有良好的职业道德和敬业精神	违反安全操作规程扣 20 分,不遵守劳动纪律扣 10 分	
电路设计	故障监测报警电路的设计	30 分	完成真值表、表达式、电路图	真值表错误扣 20 分,表达式错误扣 15 分,电路图错误扣 20 分	
电路安装	1. 安装图的绘制 2. 电路的安装	20 分	电路安装正确且符合工艺要求	电路安装不规范,每处扣 2 分,电路接错扣 5 分	
电路的测试	1. 故障监测报警电路的功能验证 2. 自拟表格记录测试结果	20 分	1. 熟悉电路的逻辑功能 2. 正确记录测试结果	验证方法不正确扣 5 分,记录测试结果不正确扣 5 分	
合计		100 分			

注:各项配分扣完为止。

4.4 【知识拓展】 大规模集成组合逻辑电路

在数字电路系统中,尤其微型计算机的普遍应用,需要存储和记忆大量的信息,这都离不开大规模集成电路。在此仅介绍属于大规模集成组合逻辑电路的只读存储器（Read-only Memory，ROM）和可编程逻辑阵列（Programmable Logic Array，PLA）。

4.4.1 存储器的分类

存储器是用以存储一系列二进制数码的大规模集成器件，存储器的种类很多，按功能分类如下：

（1）随机存取存储器（Random Access Memory，RAM），也叫做读/写存储器，既能方便地读出所存数据，又能随时写入新的数据。RAM 的缺点是数据的易失性，即一旦掉电，所存的数据全部丢失。

（2）只读存储器（ROM），只读存储器 ROM 内容一般是固定不变的，它预先将信息写入存储器中，在正常工作状态下只能读出数据，不能写入数据。ROM 的优点是电路结构简单，而且在断电以后数据不会丢失，常用来存放固定的资料及程序。

4.4.2 只读存储器（ROM）的结构原理

根据逻辑电路的特点，只读存储器（ROM）属于组合逻辑电路，即给一组输入（地址），存储器相应地给出一种输出（存储的字）。因此要实现这种功能，可以采用一些简单的逻辑门。ROM 器件按存储内容存入方式的不同可分为掩膜 ROM、可编程 ROM（PROM）和可改写 ROM（EPROM、E^2PROM、Flash Memory）等。

1. 掩膜 ROM

掩膜 ROM，又称固定 ROM，这种 ROM 在制造时，生产厂利用掩膜技术把信息写入存储器中。按使用的器件可分为二极管 ROM、双极型三极管 ROM 和 MOS 管 ROM 三种类型。在这里主要介绍二极管掩膜 ROM。图 4.8（a）是 4×4 的二极管掩膜 ROM，它由地址译码器、存储矩阵和输出电路三部分组成。图中 4 条横线称字线，每一条字线可存放一个 4 位二进制数码（信息），又称一个字，故 4 条字线可存放 4 个字。4 条纵线代表每个字的位，故称位线，4 条位线即表示 4 位，作为字的输出。字线与位线相交处为一位二进制数的存储单元，相交处有二极管者存 1，无二极管者存 0。

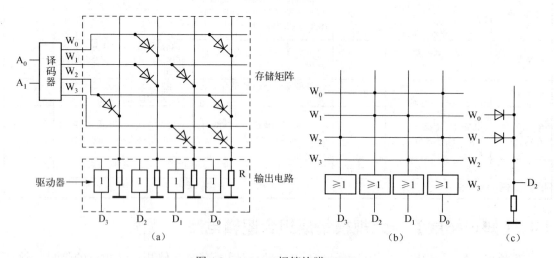

图 4.8 4×4 二极管掩膜 ROM

例如，当输入地址码 $A_1A_0=10$ 时，字线 $W_2=1$，其余字选择线为 0，W_2 字线上的高电平通过接有二极管的位线使 D_0、D_3 为 1，其他位线与 W_2 字线相交处没有二极管，所以输出 $D_3D_2D_1D_0=1001$，根据图 4.8（a）的二极管存储矩阵，可列出对应的真值表如表 4.3 所示。所以这种 ROM 的存储矩阵可采用如图 4.8（b）所示的简化画法。有二极管的交叉点画有实心点，无二极管的交叉点不画点。

显然，ROM 并不能记忆前一时刻的输入信息，因此只是用门电路来实现组合逻辑关系。实际上，图 4.8（a）的存矩矩阵和电阻 R 组成了 4 个二极管或门，以 D_2 为例，二极管或门电路如图 4.8（c）所示，$D_2=W_0+W_1$，因此属于组合逻辑电路。用于存储矩阵的或门阵列也可由双极型或 MOS 型三极管构成，在这里就不再赘述，其工作原理与二极管 ROM 相同。

ROM 中地址译码器形成了输入变量的最小项，实现了逻辑变量的与运算，其代表的地址取决于与阵列竖线上的黑点位置的数据组合；而 ROM 中的存储矩阵可实现最小项的或运算，因而 ROM 可以用来产生组合逻辑函数。再结合表 4.6，可以看出，若把 ROM 的地址端作为逻辑变量的输入端，把 ROM 的位输出端作为逻辑函数的输出端，再列出逻辑函数式的真值表或最小项表达式，将 ROM 的地址和数据端进行变量代换，然后画出 ROM 的阵列图，定制相应的 ROM，从而就用 ROM 实现了组合逻辑函数。图 4.7 中;与门阵列（地址译码器）输出表达式：

$$W_0=\overline{A_1}\overline{A_0}, \quad W_1=\overline{A_1}A_0, \quad W_2=A_1\overline{A_0}, \quad W_3=A_1A_0$$

或门阵列输出表达式：

$$D_0=W_0+W_2+W_3, \quad D_1=W_1+W_3$$
$$D_2=W_0+W_1, \quad D_3=W_2$$

表4.6　二极管存储器矩阵的真值表

地	址	数	据		
A_1	A_2	D_3	D_2	D_1	D_0
0	0	0	1	0	1
0	1	0	1	1	0
1	0	1	0	0	1
1	1	0	0	1	1

2. 可编程 ROM（PROM）

固定 ROM 在出厂前已经写好了内容，使用时只能根据需要选用某一电路，限制了用户的灵活性，可编程 PROM 封装出厂前，存储单元中的内容全为 1（或全为 0）。用户在使用时可以根据需要，将某些单元的内容改为 0（或改为 1），此过程称为编程。图 4.9 所示是 PROM 的一种存储单元，图中的二极管位于字线与位线之间，二极管前端串有熔断丝，在没有编程前，存储矩阵中的全部存储单元的熔断丝都是连通的，即每个单元存储的都是 1。用户使用时，只需按自己的需要，借助一定的编程工具，将某些存储单元上的熔断丝用大电流烧断，该用户存储的内容就变为 0。熔断丝烧断后不能再接上，故 PROM 只能进行一次编程。

PROM 是由固定的"与"阵列和可编程的"或"阵列组成的，如图 4.10 所示。与阵列为全译码方式，当输入为 $I_1 \sim I_n$ 时，与阵列的输出为 n 个输入变量可能组合的全部最小项，

即 2^n 个最小项。或阵列是可编程的，如果 PROM 有 m 个输出，则包含有 m 个可编程的或门，每个或门有 2^n 个输入可供选用，由用户编程来选定。所以，在 PROM 的输出端，输出表达式是最小项之和的标准与或式。

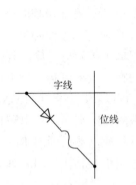

图 4.9　PROM 的可编程存储单元

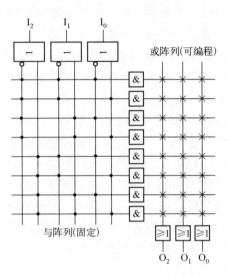

图 4.10　PROM 结构图

3. 光可擦除可编程 ROM（EPROM）

EPROM 是另外一种广泛使用的存储器。PROM 虽然可以编程，但只能编程一次，而 EPROM 克服了 PROM 的缺点，可以根据用户要求写入信息，从而长期使用。当不需要原有信息时，也可以擦除后重写。若要擦去所写入的内容，可用 EPROM 擦除器产生的强紫外线，对 EPROM 照射 20min 左右，使全部存储单元恢复"1"，以便用户重新编写。EPROM 的主要用途是在计算机电路中作为程序存储器使用，在数字电路中，也可以用来实现码制转换、字符发生器、波形发生器电路等。

4. 电可擦除可编程 ROM（E^2PROM）

E^2PROM 是近年来被广泛使用的一种只读存储器，被称为电擦除可编程只读存储器，有时也写成 EEPROM。其主要特点是能在应用系统中进行在线改写，并能在断电的情况下保存数据而不需要保护电源。特别是最近出现的+5V 电擦除 E^2PROM，通常不需单独的擦除操作，可在写入过程中自动擦除，使用非常方便。

5. 快闪存储器（Flash Memory）

闪速存储器 Flash Memory 又称快速擦写存储器或快闪存储器，是由 Intel 公司首先发明的，近年来较为流行的一种新型半导体存储器件。它在断电的情况下信息可以保留，在不加电的情况，信息可以保存 10 年，可以在线进行擦除和改写。Flash Memory 是在 E^2PROM 上发展起来的，属于 E^2PROM 类型，其编程方法和 E^2PROM 类似，但 Flash Memory 不能按字节擦除。Flash Memory 既具有 ROM 非易失性的优点，又具有存取速度快、可读可写，具有集成度高、价格低、耗电省的优点，目前已被广泛使用。

无论 ROM、PROM、EPROM 还是 E²PROM，其功能是做"读"操作。

4.4.3　可编程逻辑阵列 PLA

可编程逻辑阵列 PLA（(Programmable Logic Array），典型结构是由与门组成的阵列确定哪些变量相乘（与），及由或门组成的阵列确定哪些乘积项相加（或）。究竟哪些变量相乘？哪些变量相加？完全可由使用者来设计决定。把这样的与、或阵列称为可编程逻辑阵列，简称 PLA。

从前面 ROM 的讨论中可知，与阵列是全译码方式，其输出产生 n 个输入的全部最小项。对于大多数逻辑函数而言，并不需要使用输入变量的全部乘积项，有许多乘积项是没有用的，尤其当函数包含较多的约束项时，许多乘积项是不可能出现的。这样，由于不能充分利用 ROM 的与阵列从而会造成硬件的浪费。

PLA 是处理逻辑函数的一种更有效的方法，其结构与 ROM 类似，但它的与阵列是可编程的，且不是全译码方式而是部分译码方式，只产生函数所需要的乘积项。或阵列也是可编程的，它选择所需要的乘积项来完成或功能。在 PLA 的输出端产生的逻辑函数是简化的与或表达式。如图 4.11 所示为 PLA 结构。图中"*"表示可编程连接。

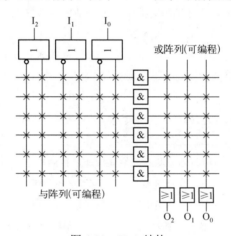

图 4.11　PLA 结构

PLA 规模比 ROM 小，工作速度快，当输出函数包含较多的公共项时，使用 PLA 更为节省硬件。目前，PLA 的集成化产品越来越多，用途也非常广泛，和 ROM 一样，有固定不可编程的、可编程的和可改写的三种。

本　章　小　结

1. 数据选择器是在地址码的控制下，在同一时间内从多路输入数据中选择相应的一路数据输出。

2. 数据分配是数据选择的逆过程。凡具有使能控制端输入的译码器都能做数据分配器使用。只要将译码器使能控制输入端作为数据输入端，将二进制代码输入端作为地址控制端即可。

3. 用中规模集成电路（MSI）设计组合逻辑电路已越来越普遍，通常用数据选择器设计多输入变量单输出的逻辑函数；用二进制译码器设计多输入变量多输出的逻辑函数。

4. 只读存储器（ROM）属于大规模组合逻辑电路，即给一组输入（地址），存储器相应地给出一种输出（存储的字）。

5. 可编程逻辑阵列 PLA 主要由与阵列、或阵列构成。PLA 是处理逻辑函数的一种更有效的方法，其结构与 ROM 类似，但它的两个阵列都是可编程的。

习 题 4

一、选择题

4.1 用三线-八线译码器 74LS138 实现原码输出的 8 路数据分配器，应设置（　　）。

    A. $S_A=1$，$\bar{S}_B=D$，$\bar{S}_C=0$ B. $S_A=1$，$\bar{S}_B=D$，$\bar{S}_C=D$

    C. $S_A=1$，$\bar{S}_B=0$，$\bar{S}_C=D$ D. $S_A=D$，$\bar{S}_B=0$，$\bar{S}_C=0$

4.2 以下电路中，加以适当辅助门电路，适于实现单输出组合逻辑电路的是（　　）。

    A. 二进制译码器   B. 数据选择器

    C. 数值比较器   D. 七段显示译码器

4.3 用四选一数据选择器实现函数 $Y = A_1 A_0 + \bar{A}_1 A_0$，应使（　　）。

    A. $D_0=D_2=0$，$D_1=D_3=1$ B. $D_0=D_2=1$，$D_1=D_3=0$

    C. $D_0=D_1=0$，$D_2=D_3=1$ D. $D_0=D_1=1$，$D_2=D_3=0$

4.4 四选一数据选择器的数据输出 Y 与数据输入 X_i 和地址码 A_i 之间的逻辑表达式为 Y=（　　）。

    A. $\bar{A}_1 \bar{A}_0 X_0 + \bar{A}_1 A_0 X_1 + A_1 \bar{A}_0 X_2 + A_1 A_0 X_3$ B. $\bar{A}_1 \bar{A}_0 X_0$

    C. $\bar{A}_1 A_0 X_1$ D. $A_1 A_0 X_3$

4.5 一个八选一数据选择器的数据输入端有（　　）个。

    A. 1   B. 2   C. 3   D. 8

4.6 只读存储器 ROM 在运行时具有（　　）功能。

    A. 读/无写   B. 无读/写   C. 读/写   D. 无读/无写

4.7 只读存储器 ROM 中的内容，当电源断掉后又接通，存储器中的内容将（　　）。

    A. 全部改变   B. 全部为 0   C. 不可预料   D. 保持不变

4.8 随机存取存储器 RAM 中的内容，当电源断掉后又接通，存储器中的内容将（　　）。

    A. 全部改变   B. 全部为 1   C. 不确定   D. 保持不变

4.9 下列对于存储器描述错误的是（　　）。

    A. 分为 ROM 和 RAM 两类   B. ROM 断电后数据不丢失

    C. RAM 可随时修改   D. 容量扩充只能用字扩展或位扩展

4.10 PROM 的与阵列（地址译码器）是（　　）。

    A. 全译码可编程阵列   B. 全译码不可编程阵列

    C. 非全译码可编程阵列   D. 非全译码不可编程阵列

4.11 PLA 是一种（　　）的可编程逻辑器件。

    A. 与阵列可编程、或阵列固定   B. 与阵列固定、或阵列可编程

    C. 与、或阵列固定   D. 与、或阵列都可编程

二、判断题（正确的打"√"，错误的打"×"）

4.12 RAM 由若干位存储单元组成，每个存储单元可存放一位二进制信息。（　　）

4.13 动态随机存取存储器需要不断地刷新，以防止电容上存储的信息丢失。（　　）

4.14　所有的半导体存储器在运行时都具有读和写的功能。（　　）

4.15　ROM 和 RAM 中存入的信息在电源断掉后都不会丢失。（　　）

4.16　RAM 中的信息，当电源断掉后又接通，则原存的信息不会改变。（　　）

4.17　PROM 的或阵列（存储矩阵）是可编程阵列。（　　）

4.18　ROM 的每个与项（地址译码器的输出）都一定是最小项。（　　）

三、分析题

4.19　选择合适的数据选择器来实现下列组合逻辑函数。

（1）$Y = \overline{AB}C + AB + C$

（2）$Y = \sum m(1,3,5,7)$

（3）$Y = \sum m(0,2,3,4,8,9,10,13,14)$

（4）$Y = A\overline{B}C + AB\overline{CD}$

4.20　某车间有黄、红两个故障指示灯，用来监测三台设备的工作情况。当只有一台设备有故障时黄灯亮；若有两台设备同时产生故障时，红灯亮；三台设备都产生故障时，红灯和黄灯都亮。试用数据选择器设计一个设备运行故障监测报警电路。

4.21　试分析用数据选择器实现逻辑函数和用逻辑门电路实现逻辑函数相比，哪个方案更方便？

4.22　试写出如图 4.12（a）、（b）所示电路的输出 Z 的逻辑函数表达式。

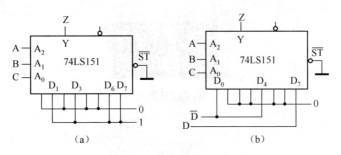

图 4.12

4.23　简述 ROM 的主要组成部分及其作用。

4.24　试分别用 ROM、PLA 设计一个全加器电路，并画出阵列图。

4.25　简述 PLA 的主要结构和特点。

项目 5　由触发器构成的改进型抢答器的制作

能力目标

（1）能借助资料读懂常用集成触发器产品的型号，明确各引脚功能。
（2）能完成触发器构成的改进型抢答器的制作。
（3）会正确选用集成触发器产品及相互替代。

知识目标

了解基本触发器的电路组成，理解触发器的记忆作用；熟悉基本 RS 触发器、同步 RS 触发器、边沿 D 触发器和边沿 JK 等触发器的触发方式及逻辑功能；掌握常用集成触发器的正确使用及相互转换。

抢答器实物图如图 5.1 所示。

图 5.1　由触发器构成的改进型抢答器实物图

5.1　【工作任务】　由触发器构成的改进型抢答器的制作

工作任务单

（1）小组制订工作计划。

(2)识别改进型抢答器原理图,明确元件连接和电路连线。
(3)画出布线图。
(4)完成电路所需元件的购买与检测。
(5)根据布线图制作抢答器电路。
(6)完成抢答器电路功能检测和故障排除。
(7)通过小组讨论完成电路的详细分析及编写项目实训报告。

由触发器构成的改进型抢答器电路如图 5.2 所示。

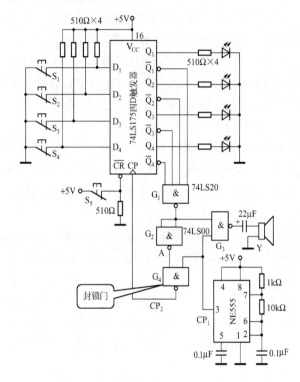

图 5.2　由触发器构成的改进型抢答器电路图

1. 实训目的

(1)熟悉集成触发器芯片的逻辑功能。
(2)熟悉由集成触发器构成的改进型抢答器的工作特点。
(3)掌握集成触发器芯片的正确使用。

2. 实训设备与器件

实训设备:数字电路实验装置 1 台。

实训器件:触发器 74LS175　1 片,与非门 74LS20　1 片,与非门 74LS00　1 片,定时器 NC555　1 片,发光二极管 4 只,510 Ω 电阻 9 个,1kΩ、10kΩ 电阻各 1 个,0.1μF 电容器 2 个,22μF 电容器 1 个,按钮开关 5 个,蜂鸣器 1 个,导线若干。

3. 实训电路与说明

（1）逻辑要求。由集成触发器构成的改进型抢答器中，S_1、S_2、S_3、S_4 为 4 路抢答操作按钮。任何一个人先将某一按钮按下，则与其对应的发光二极管（指示灯）被点亮，表示此人抢答成功；而紧随其后的其他开关再被按下均无效，指示灯仍保持第一个开关按下时所对应的状态不变。S_5 为主持人控制的复位操作按钮，当 S_5 被按下时抢答器电路清零，松开后则允许抢答。

（2）电路组成。实训电路如图 5.2 所示，该电路由集成触发器 74LS175、双 4 输入与非门 74LS20、四 2 输入与非门 74LS00 及脉冲触发电路等组成。其中 S_1、S_2、S_3、S_4 为抢答按钮，S_5 为主持人复位按钮。74LS175 为四 D 触发器，其内部具有 4 个独立的 D 触发器，4 个触发器的输入端分别为 D_1、D_2、D_3、D_4，输出端为 Q_1、$\overline{Q}_1$；Q_2、$\overline{Q}_2$；Q_3、$\overline{Q}_3$；Q_4、$\overline{Q}_4$。四 D 触发器具有共同的上升边沿触发的时钟端（CP）和共同的低电平有效的清零端（$\overline{CR}$）。74LS20 为双四输入与非门，74SL00 为四 2 输入与非门。

（3）电路的工作过程。电路的工作过程介绍如下：

① 准备期间。主持人将电路清零（即 $\overline{CR}=0$）之后，74LS175 的输出端 $Q_1 \sim Q_4$ 均为低电平，LED 发光二极管不亮；同时 $\overline{Q}_1 \overline{Q}_2 \overline{Q}_3 \overline{Q}_4 =1111$，$G_1$ 门输出为低电平，蜂鸣器也不发出声音。G_4 门（称为封锁门）的输入端 A 为高电平，G_4 门打开使触发器获得时钟脉冲信号，电路处于允许抢答状态。

② 开始抢答。例如，S_1 被按下时，D_1 输入端变为高电平，在时钟脉冲 CP_2 的触发作用下，Q_1 变为高电平，对应的发光二极管点亮；同时 $\overline{Q}_1 \overline{Q}_2 \overline{Q}_3 \overline{Q}_4 =0111$，使 G_1 门输出为高电平，蜂鸣器发出声音。G_1 门输出经 G_2 反相后，即 G_4 门（称为封锁门）的输入端 A 为低电平，G_4 门关闭使触发脉冲 CP_1 被封锁，于是触发器的输入时钟脉冲 $CP_2=1$（无脉冲信号），CP_1、CP_2 的脉冲波形如图 5.3 所示。此时 74LS175 的输出保持原来的状态不变，其他抢答者再按下按钮也不起作用。若要清除，则由主持人按 S_5 按钮（清零）完成，并为下一次抢答做好准备。

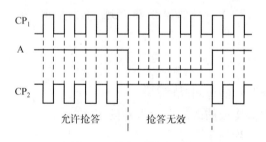

图 5.3 触发脉冲波形图

4. 实训电路的安装与功能验证

（1）安装。安装步骤如下：

① 检测与查阅器件。用数字集成电路测试仪检测所用的集成电路。通过查阅集成电路手册，标出电路图中各集成电路输入、输出端的引脚编号。

② 根据如图 5.2 所示的改进型抢答器电路原理图，画出安装布线图。

③ 根据安装布线图完成电路的安装。先在实训电路板上插接好 IC 器件。在插接器件时，要注意 IC 芯片的豁口方向（都朝左侧），同时要保证 IC 管脚与插座接触良好，引脚不能弯曲或折断。指示灯的正、负极不能接反。在通电前先用万用表检查各 IC 的电源接线是否正确。

（2）功能验证。验证方法如下：

① 通电后，按下清零开关 S_5 后，所有指示灯灭。

② 分别按下 S_1、S_2、S_3、S_4 各键，观察对应指示灯是否点亮。

③ 当其中某一指示灯点亮时，再按其他键，观察其他指示灯的变化。

5．实训总结与思考

（1）实训证明，改进型抢答器电路能将输入抢答信号状态"保持"在其输出端不变。

（2）此电路既有接收信号功能同时又具有保持功能。

（3）这类具有接收、保持记忆和输出功能的电路简称为"触发器"。触发器有多种不同的功能和不同的电路形式。掌握触发器的电路原理、功能与电路特点是我们在本项目中所要学习的主要内容。

（4）改进型抢答器电路与简单抢答器电路（见项目 1）比较，在逻辑功能方面有哪些改进之处？

（5）此电路还存在什么问题需要进一步改进？请提出你的改进方案。

6．完成电路的详细分析及编写项目实训报告

整理相关资料，完成电路的详细分析及编写项目实训报告。

7．实训考核

由触发器构成的改进型抢答器的制作工作过程考核表如表 5.1 所示。

表 5.1　由触发器构成的改进型抢答器的制作工作过程考核表

项目	内容	配分	考核要求	扣分标准	得分
工作态度	1．工作的积极性 2．安全操作规程的遵守情况 3．纪律遵守情况	30 分	积极参加工作，遵守安全操作规程和劳动纪律，有良好的职业道德和敬业精神	违反安全操作规程扣 20 分，不遵守劳动纪律扣 10 分	
电路安装	1．安装图的绘制 2．按照安装图接好电路	40 分	电路安装正确且符合工艺规范	电路安装不规范，每处扣 1 分，电路接错扣 5 分	
电路的功能验证	1．改进型抢答器的功能验证 2．自拟表格记录测试结果	30 分	1．熟悉电路的逻辑功能 2．正确记录测试结果	验证方法不正确扣 5 分，记录测试结果不正确扣 5 分	
合计		100 分			

注：各项配分扣完为止

5.2 【知识链接】　触发器的基础知识

触发器是一个具有记忆功能的二进制信息存储元件，是构成多种时序电路的最基本逻辑单元。触发器具有两个稳定状态，即"0"和"1"，在一定的外界信号作用下，可以从一

个稳定状态翻转到另一个稳定状态。

触发器的种类较多，按照电路结构形式的不同，触发器可分为基本触发器、时钟触发器，其中时钟触发器又有同步触发器、主从触发器、边沿触发器。

根据逻辑功能的不同，触发器可分为 RS 触发器、JK 触发器、D 触发器、T 触发器和 T′ 触发器。

下面介绍基本 RS 触发器、同步 RS 触发器、主从触发器、边沿触发器。

5.2.1 基本 RS 触发器

基本 RS 触发器是各类触发器中最简单的一种，是构成其他触发器的基本单元。电路结构可由与非门组成，也可由或非门组成，以下将讨论由与非门组成的 RS 触发器。

1. 电路组成及符号

由与非门及反馈线路构成的 RS 触发器电路如图 5.4（a）所示，输入端有 $\overline{R}_D$ 和 $\overline{S}_D$，电路有两个互补的输出端 Q 和 $\overline{Q}$，其中 Q 称为触发器的状态，有 0、1 两种稳定状态，若 Q=1、$\overline{Q}$=0 则称为触发器处于 1 态；若 Q=0、$\overline{Q}$=1 则称为触发器处于 0 态。触发器的逻辑符号如图 5.4（b）所示。

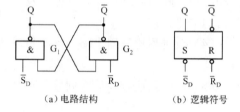

图 5.4 基本 RS 触发器

2. 逻辑功能分析

（1）当 $\overline{R}_D = \overline{S}_D = 0$ 时，Q=$\overline{Q}$=1，此状态不是触发器的定义状态，称为不定状态，要避免不定状态，对输入信号有约束条件：$\overline{R}_D + \overline{S}_D = 1$。

（2）当 $\overline{R}_D = 0$，$\overline{S}_D = 1$ 时，触发器的初态不管是 0 还是 1，由于 $\overline{R}_D = 0$ 则 G_2 门的输出 $\overline{Q}$=1，G_1 门的输入全为 1 则输出 Q 为 0，触发器置 0 状态。

（3）当 $\overline{R}_D = 1$，$\overline{S}_D = 0$ 时，由于 $\overline{S}_D$=0 则 G_1 门输出 Q=1，G_1 门的输入全为 1 则输出 $\overline{Q}$=0，触发器置 1 状态。

（4）当 $\overline{R}_D = \overline{S}_D = 1$ 时，基本 RS 触发器无信号输入，触发器保持原有的状态不变。

根据以上的分析，把逻辑关系列成真值表，这种真值表也称为触发器的功能表（或特性表），如表 5.2 所示。

表 5.2 基本 RS 触发器功能表

$\overline{R}_D$	$\overline{S}_D$	Q^n	Q^{n+1}	说　明
0	0	0	×	触发器状态不定
0	0	1	×	
0	1	0	0	触发器置 0
0	1	1	0	
1	0	0	1	触发器置 1
1	0	1	1	
1	1	0	0	触发器保持原状态不变
1	1	1	1	

Q^n 表示外加信号触发前，触发器原来的状态称为现态。Q^{n+1} 表示外加信号触发后，触发器可从一种状态转为另一种状态，转变后触发器的状态称为次态。

3．基本 RS 触发器的特点

（1）基本 RS 触发器的动作特点。输入信号 $\overline{R}_D$ 和 $\overline{S}_D$ 直接加在与非门的输入端，在输入信号作用的全部时间内，$\overline{R}_D=0$ 或 $\overline{S}_D=0$ 都能直接改变触发器的输出 Q 和 $\overline{Q}$ 状态，这就是基本 RS 触发器的动作特点。因此把 $\overline{R}_D$ 称为直接复位端，$\overline{S}_D$ 称为直接置位端。

（2）基本 RS 触发器的优缺点。基本 RS 触发器具有以下优缺点。

优点：电路简单，是构成各种触发器的基础。

缺点：输出受输入信号直接控制，不能定时控制；有约束条件。

5.2.2 同步 RS 触发器

在数字系统中，为协调各部分的工作状态，需要由时钟 CP 来控制触发器按一定的节拍同步动作，由时钟脉冲控制的触发器称为时钟触发器。时钟触发器又可分为同步触发器、主从触发器、边沿触发器。这里讨论同步 RS 触发器。

1．电路组成和符号

同步 RS 触发器是在基本 RS 触发器的基础上增加两个控制门及一个控制信号，让输入信号经过控制门传送，如图 5.5 所示。

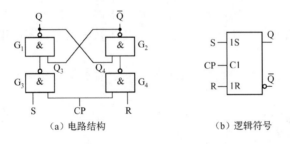

（a）电路结构　　　　　（b）逻辑符号

图 5.5　同步 RS 触发器

与非门 G_1、G_2 组成基本 RS 触发器，与非门 G_3、G_4 是控制门，CP 为控制信号常称为时钟脉冲信号或选通脉冲。在图 5.5 所示逻辑符号中，CP 为时钟控制端，控制门 G_3、G_4 的开通和关闭，R、S 为信号输入端，Q、$\overline{Q}$ 为输出端。

2．逻辑功能分析

（1）CP=0 时，门 G_3、G_4 被封锁，输出为 1，不论输入信号 R、S 如何变化，触发器的状态不变。

（2）CP=1 时，门 G_3、G_4 被打开，输出由 R、S 决定，触发器的状态随输入信号 R、S 的不同而不同。

根据与非门和基本 RS 触发器的逻辑功能，可列出同步 RS 触发器的功能真值表如表 5.3 所示。

Q^n 表示时钟脉冲 CP 到来前，触发器原来的状态称为现态；Q^{n+1} 表示时钟脉冲 CP 到来后，触发器可从一种状态转为另一种状态，转变后触发器的状态称为次态。

表 5.3 同步 RS 触发器功能表

CP	R	S	Q^n	Q^{n+1}	功能说明
0	×	×	0	0	输入信号封锁
0	×	×	1	1	
1	0	0	0	0	触发器状态不变
1	0	0	1	1	
1	0	1	0	1	触发器置 1
1	0	1	1	1	
1	1	0	0	0	触发器置 0
1	1	0	1	0	
1	1	1	0	不定	触发器状态不定
1	1	1	1	不定	

同步 RS 触发器的特性方程为：

$$\begin{cases} Q^{n+1} = (\overline{\overline{S}}) + \overline{R}Q^n = S + \overline{R}Q^n \\ RS = 0 \text{ 约束条件} \end{cases}$$

3. 动作特点

同步 RS 触发器动作特点如下：

（1）时钟电平控制。在 CP=1 期间接收输入信号，CP=0 时状态保持不变，与基本 RS 触发器相比，对触发器状态的转变增加了时间控制。但在 CP=1 期间内，输入信号的多次变化，都会引起触发器的多次翻转，此现象称为触发器的"空翻"，空翻降低了电路的抗干扰能力，这是同步触发器的一个缺点，因此它只能用于数据锁存，不能用于计数器、寄存器、存储器等。

（2）R、S 之间有约束。不能允许出现 R 和 S 同时为 1 的情况，否则会使触发器处于不确定的状态。

5.2.3 主从触发器

为了提高触发器的可靠性，规定了每一个 CP 周期内输出端的状态只能动作一次，主从触发器是建立在同步触发器的基础上，解决了触发器在 CP=1 期间内，触发器的多次翻转的空翻现象。

1. 主从触发器的基本结构

主从触发器的基本结构包含两个结构相同的同步触发器，即主触发器和从触发器，它们的时钟信号相位相反，框图及符号如图 5.6 所示。

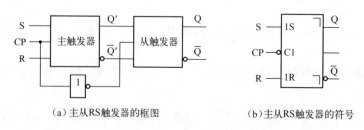

(a) 主从RS触发器的框图　　　　　(b) 主从RS触发器的符号

图 5.6 主从 RS 触发器的框图及符号

2. 主从触发器的动作特点

如图 5.6 所示的主从 RS 触发器，CP = 1 期间，主触发器接收输入信号；CP = 0 期间，主触发器保持不变，而从触发器接收主触发器状态。因此，主从触发器的状态只能在 CP 下降沿时刻翻转。这种触发方式称为主从触发式，克服了空翻现象。

5.2.4 边沿触发器

为了进一步提高触发器的抗干扰能力和可靠性，我们希望触发器的输出状态仅仅取决于 CP 上沿或下沿时刻的输入状态，而在此前和此后的输入状态对触发器无任何影响，具有此特性的触发器就是边沿触发器。

其动作特点为：只能在 CP 上升沿（或下降沿）时刻接收输入信号，因此，电路状态只能在 CP 上升沿（或下降沿）时刻翻转。这种触发方式称为边沿触发式。

5.3 【知识链接】 常用集成触发器的产品简介

5.3.1 集成 JK 触发器

1. 引脚排列和逻辑符号

常用的集成芯片型号有 74LS112（下降边沿触发的双 JK 触发器）、CC4027（上升沿触发的双 JK 触发器）和 74LS276 四 JK 触发器（共用置 1、置 0 端）等。下面介绍的 74LS112 双 JK 触发器每片集成芯片包含两个具有复位、置位端的下降沿触发的 JK 触发器，通常用于缓冲触发器、计数器和移位寄存器电路中。74LS112 双 JK 触发器的引脚排列和逻辑符号如图 5.7 所示，其中 J 和 K 为信号输入端，是触发器状态更新的依据；Q、$\bar{Q}$ 为输出端；CP 为时钟脉冲信号输入端，逻辑符号图中 CP 引线上端的"∧"符号表示边沿触发，无此"∧"符号表示电位触发；CP 脉冲引线端既有"∧"符号又有小圆圈时，表示触发器状态变化发生在时钟脉冲下降沿到来时刻；只有"∧"符号没有小圆圈时，表示触发器状态变化发生在时钟脉冲上升沿时刻；$\bar{S}_D$ 为直接置 1 端、$\bar{R}_D$ 为直接置 0 端，$\bar{S}_D$ 和 $\bar{R}_D$ 引线端处的小圆圈表示低电平有效。

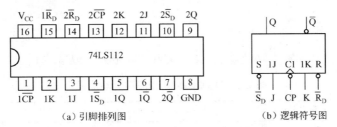

图 5.7 74LS112 双 JK 触发器的引脚排列图和逻辑符号图

2. 逻辑功能

JK 触发器是功能最完备的触发器，具有保持、置 0、置 1、翻转功能。表 5.4 为 74LS112 双 JK 触发器功能真值表。

表 5.4 JK 触发器（74LS112）功能表

输入					输出	功能说明
$\overline{R}_D$	$\overline{S}_D$	CP	J	K	Q^{n+1}	
0	1	×	×	×	0	直接置 0
1	0	×	×	×	1	直接置 1
0	0	×	×	×	不定	状态不定
1	1	↓	0	0	Q^n	状态保持不变
1	1	↓	1	0	1	置 1
1	1	↓	0	1	0	置 0
1	1	↓	1	1	$\overline{Q}^n$	状态翻转
1	1	↑	×	×	Q^n	状态保持不变

JK 触发器的特性方程为：

$$Q^{n+1} = J\overline{Q^n} + \overline{K}Q^n$$

5.3.2 集成 D 触发器

1. 引脚排列和逻辑符号

目前国内生产的集成 D 触发器主要是阻塞-维持型 D 触发器。这种 D 触发器都是在时钟脉冲的上升沿触发翻转。常用的集成电路有 74LS74 双 D 触发器、74LS175 四 D 触发器和 74LS174 六 D 触发器等。74LS74 双 D 触发器的引脚排列和逻辑符号如图 5.8 所示。其中 D 为信号输入端，是触发器状态更新的依据；Q、$\overline{Q}$ 为输出端；CP 为时钟脉冲信号输入端，逻辑符号图中 CP 引线上端只有"∧"符号没有小圆圈，表示 74LS74 双 D 触发器状态变化发生在时钟脉冲上升沿时刻；$\overline{S}_D$ 为直接置 1 端、$\overline{R}_D$ 为直接置 0 端，$\overline{S}_D$ 和 $\overline{R}_D$ 引线端处的小圆圈表示低电平有效。

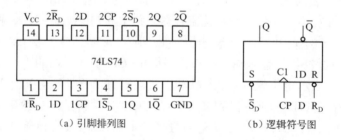

（a）引脚排列图　　　　　（b）逻辑符号图

图 5.8 74LS74 双 D 触发器的引脚排列图和逻辑符号图

2. 逻辑功能

D 触发器具有置 0 和置 1 功能。表 5.5 为 74LS74 触发器功能真值表。

表 5.5 D 触发器（74LS74）功能表

输入				输出	功能说明
$\overline{R}_D$	$\overline{S}_D$	CP	D	Q^{n+1}	
0	1	×	×	0	直接置 0
1	0	×	×	1	直接置 1
0	0	×	×	不定	状态不定
1	1	↑	1	1	置 1
1	1	↑	0	0	置 0
1	1	↓	×	Q^n	状态保持不变

D 触发器特性方程为：

$$Q^{n+1} = D$$

74LS175 四 D 触发器每片集成芯片包含 4 个上升沿触发的 D 触发器，其逻辑功能与 74LS74 一样，引脚排列图如图 5.9 所示。$\overline{CR}$ 为清零端，低电平有效。

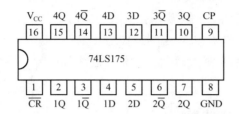

图 5.9　74LS175 四 D 触发器的引脚排列图

例 5.1　已知 D 触发器（如图 5.10 所示）输入 CP、D 的波形如图 5.11 所示。试画出 Q 端的波形（设初态 Q=0）。

解：根据 D 触发器的逻辑功能分析得出 Q 端的波形如图 5.11 所示。

图 5.10　例 5.1 图

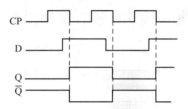

图 5.11　D 触发器波形图

5.4 【知识拓展】 触发器的转换

常用的触发器按逻辑功能分有 5 种：RS 触发器、JK 触发器、D 触发器、T 触发器和 T′ 触发器。实际上没有形成全部集成电路产品，但我们可通过触发器转换的方法，达到各种触发器相互转换的目的。

5.4.1　JK 触发器转换为 D 触发器

JK 触发器是功能最齐全的触发器，把现有 JK 触发器稍加改动便转换为 D 触发器，将 JK 触发器的特性方程：($Q^{n+1} = J\overline{Q^n} + \overline{K}Q^n$) 与 D 触发器的特性方程：($Q^{n+1} = D$) 作比较，如果令 J=D，$\overline{K}$=D（即 K=$\overline{D}$），则 JK 触发器的特性方程变为：

$$Q^{n+1} = D\overline{Q^n} + DQ^n = D$$

将 JK 触发器的 J 端接到 D，K 端接到 $\overline{D}$，就可实现 JK 触发器转变为 D 触发器，电路如图 5.12 所示。

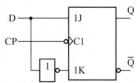

图 5.12　JK 触发器转换为 D 触发器

5.4.2 JK 触发器转换为 T 触发器和 T' 触发器

1. JK 触发器转换为 T 触发器

T 触发器是具有保持和翻转功能的触发器，其特性方程为：

$$Q^{n+1} = T\overline{Q^n} + \overline{T}Q^n$$

要把 JK 触发器转换为 T 触发器，则令 J=T，K=T，也就是把 JK 触发器的 J 和 K 端相连作为 T 输入端，就可实现 JK 触发器转变为 T 触发器，电路如图 5.13 所示。

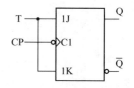

图 5.13 JK 触发器转换为 T 触发器

2. JK 触发器转换为 T'触发器

T' 触发器是翻转触发器，其特性方程为：

$$Q^{n+1} = \overline{Q^n}$$

将 JK 触发器的 J 端和 K 端并联接到高电平 1，就构成了 T′触发器，电路如图 5.14 所示。

5.4.3 D 触发器转换为 T 触发器

比较 D 触发器的特性方程（$Q^{n+1} = D$）与 T 触发器的特性方程（$Q^{n+1} = T\overline{Q^n} + \overline{T}Q^n$），只需 $D = T\overline{Q^n} + \overline{T}Q^n$ 即可，电路如图 5.15 所示。

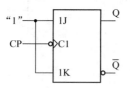

图 5.14 JK 触发器转换为 T′触发器

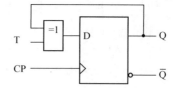

图 5.15 D 触发器转换为 T 触发器

RS 触发器、JK 触发器、D 触发器、T 触发器和 T′触发器的逻辑符号、特性方程及特性表归纳如表 5.6 所示。

表 5.6 触发器的逻辑符号、特性方程及特性表

触发器名称	触发器符号	特性方程	特性表
RS 触发器		$\begin{cases} Q^{n+1} = (\overline{\overline{S}}) + \overline{R}Q^n = S + \overline{R}Q^n \\ RS = 0 \text{ 约束条件} \end{cases}$	R S Q^{n+1} 0 0 Q^n 0 1 1 1 0 0 1 1 不定
D 触发器		$Q^{n+1} = D$	D Q^{n+1} 0 0 1 1

续表

触发器名称	触发器符号	特性方程	特性表
T 触发器	(T, C1, CP)	$Q^{n+1} = T\overline{Q^n} + \overline{T}Q^n$	T | Q^{n+1} 0 | Q^n 1 | $\overline{Q^n}$
T′ 触发器	(1, C1, CP)	$Q^{n+1} = \overline{Q^n}$	Q | Q^{n+1} 0 | 1 1 | 0

本 章 小 结

1．具有接收、保持和输出功能的电路称为触发器，一个触发器能存储 1 位二进制信息。

2．触发器的分类有几种分法，其中按触发方式来分有非时钟控制型触发器和时钟控制型触发器两大类，基本 RS 触发器是非时钟控制型触发器，而时钟控制型触发器有同步型触发器、主从型触发器和边沿型触发器。

3．基本 RS 触发器的输出状态直接受输入信号影响；同步型触发器克服了直接受输入信号控制的缺点，只是在需要的时间段接收数据，但有空翻现象。

4．主从型触发器克服了空翻现象，抗干扰能力强。

5．边沿型触发器的输出状态仅仅取决于 CP 上升沿或下降沿时刻的输入状态，可靠性及抗干扰能力更强。

习 题 5

一、填空题

5.1 两个与非门构成的基本 RS 触发器的功能有_____、_____和_____。电路中不允许两个输入端同时为_____，否则将出现逻辑混乱。

5.2 JK 触发器具有_____、_____、_____和_____ 4 种功能。欲使 JK 触发器实现 $Q^{n+1} = \overline{Q^n}$ 的功能，则输入端 J 应接____，K 应接____。

5.3 D 触发器的信号输入端子有____个，具有_____和_____的功能。

5.4 组合逻辑电路的基本单元是_____，时序逻辑电路的基本单元是_____。

5.5 JK 触发器的特性方程为_____；D 触发器的特性方程为_____。

5.6 触发器有两个互非的输出端 Q 和 $\overline{Q}$，通常规定 Q=1，$\overline{Q}$=0 时为触发器的____状态；Q=0，$\overline{Q}$=1 时为触发器的____状态。

5.7 把 JK 触发器_____就构成了 T 触发器，T 触发器具有的逻辑功能是_____和_____。

5.8 将_____触发器恒输入"1"就构成了 T′触发器，这种触发器仅具有_____功能。

二、判断题（正确的打"√"，错误的打"×"）

5.9 D 触发器的特性方程为 $Q^{n+1}=D$，与 Q^n 无关，所以它没有记忆功能。（   ）

5.10 RS 触发器的约束条件 RS=0 表示不允许出现 R=S=1 的输入。（   ）

5.11 同步触发器存在空翻现象，而边沿触发器和主从触发器克服了空翻。（   ）

5.12 主从 JK 触发器、边沿 JK 触发器和同步 JK 触发器的逻辑功能完全相同。（   ）

5.13 若要实现一个可暂停的一位二进制计数器，控制信号 A=0 计数，A=1 保持，可选用 T 触发器，且令 T=A。（   ）

5.14 由两个 TTL 或非门构成的基本 RS 触发器，当 R=S=0 时，触发器的状态为不定。（   ）

5.15 对边沿 JK 触发器，在 CP 为高电平期间，当 J=K=1 时，状态会翻转一次。（   ）

三、选择题

5.16 时序逻辑电路中一定包含（   ）。
  A. 触发器   B. 组合逻辑电路
  C. 移位寄存器 D. 译码器

5.17 仅具有置"0"和置"1"功能的触发器是（   ）。
  A. 基本 RS 触发器   B. 钟控 RS 触发器
  C. D 触发器   D. JK 触发器

5.18 由与非门组成的基本 RS 触发器不允许输入的变量组合 $\overline{S}\overline{R}$ 为（   ）。
  A. 00   B. 01   C. 10   D. 11

5.19 仅具有保持和翻转功能的触发器是（   ）。
  A. JK 触发器 B. T 触发器 C. D 触发器 D. T' 触发器

5.20 触发器由门电路构成，但它不同于门电路功能，主要特点是（   ）。
  A. 具有翻转功能 B. 具有保持功能 C. 具有记忆功能

5.21 TTL 集成触发器直接置 0 端（$\overline{R}_D$）和直接置 1 端（$\overline{S}_D$）在触发器正常工作时应（   ）。
  A. $\overline{R}_D=1$，$\overline{S}_D=0$ B. $\overline{R}_D=0$，$\overline{S}_D=1$
  C. 保持高电平"1"   D. 保持低电平"0"

5.22 按逻辑功能的不同，双稳态触发器可分为（   ）。
  A. RS、JK、D、T 等   B. 主从型和维持阻塞型
  C. TTL 型和 MOS 型   D. 上述均包括

四、分析题

5.23 D 触发器的电路如图 5.16（a）所示，输入波形如图 5.16（b）所示，画出 Q 端的波形。设触发器的初始状态为 0。

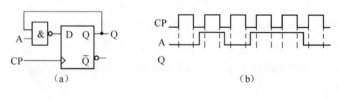

图 5.16

5.24 与非门组成的基本 RS 触发器及其输入信号如图 5.17 所示，请画出 Q 和 $\overline{Q}$ 的波形。

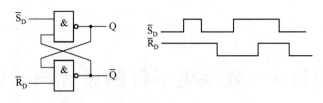

图 5.17

5.25 JK 触发器及 CP、A、B、C、的波形如图 5.18 所示，设 Q 的初始状态为 0。
（1）写出电路的特性方程；（2）画出 Q 的波形。

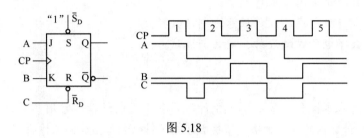

图 5.18

5.26 D 触发器及输入信号如图 5.19 所示，设触发器的初始状态为 0，请画出 Q 和 $\bar{Q}$ 的波形。

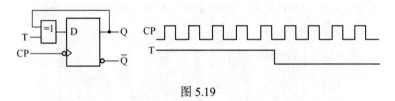

图 5.19

项目6 数字电子钟的设计与制作

能力目标

(1) 能借助资料读懂集成电路的型号,明确各引脚功能。
(2) 会识别并测试常用集成计数器。
(3) 能用集成计数器产品设计任意进制计数器。
(4) 能完成数字电子钟的设计、安装与调试。

知识目标

了解计数器的基本概念;掌握二进制计数器和十进制计数器常用集成产品的功能及其应用。掌握任意进制计数器的设计方法。掌握数字电子钟的电路组成与工作原理。

数字电子钟实物图如图 6.1 所示

图 6.1 数字电子钟实物图

6.1 【工作任务】 数字电子钟的设计与制作

工作任务单

(1) 小组制订工作计划。
(2) 完成数字电子钟的逻辑电路设计。
(3) 画出布线图。
(4) 完成数字电子钟电路所需元件的购买与检测。
(5) 根据布线图制作数字电子钟电路。
(6) 完成数字电子钟电路功能检测和故障排除。
(7) 通过小组讨论完成电路的详细分析及编写项目实训报告。
数字电子钟电路原理图如图 6.2 所示。

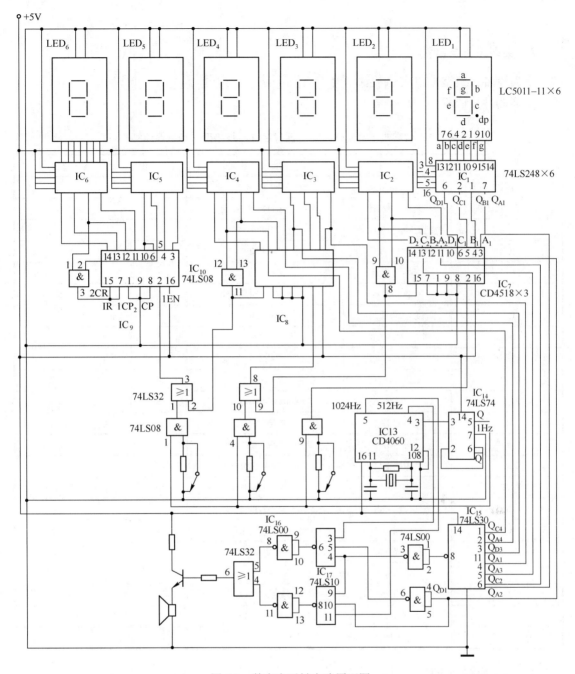

图 6.2 数字电子钟电路原理图

1．实训目标

（1）熟悉数字电子钟的结构及各部分的工作原理。
（2）掌握数字电子钟电路设计、制作方法。
（3）熟悉中规模集成电路和显示器件的使用方法。
（4）掌握用中小规模集成电路设计一台能显示时、分、秒的数字电子钟。

2. 实训设备与器件

实训设备：数字电路实验装置 1 台

实训器件：如表 6.1 所示

表 6.1 数字电子钟制作所需元器件名称、规格型号和数量明细表

代 号	名 称	规格及型号	数 量	备 注
$IC_1 \sim IC_6$	显示译码器	74LS248	6	
$IC_7 \sim IC_9$	加法计数器	CD4518	3	
IC_{10}、IC_{12}	四 2 输入与门	74LS08	2	
IC_{11}	四 2 输入或门	74LS32	1	
IC_{13}	振荡/分频器	CD4060	1	
IC_{14}	双 D 触发器	74LS74	1	
IC_{15}	8 输入与非门	74LS30	1	
IC_{16}	四 2 输入与非门	74LS00	1	
IC_{17}	三 3 输入与非门	74LS10	1	
$LED_1 \sim LED_6$	数码显示管	LC5011-11	6	
$R_1 \sim R_3$	电阻器	RTX-1/8W-5.6k$\Omega \pm$5%	3	
R_4	电阻器	RTX-1/8W-22M$\Omega \pm$5%	1	
R_5	电阻器	RTX-1/8W-100$\Omega \pm$5%	1	
R_6	电阻器	RTX-1/8W-1.5k$\Omega \pm$5%	1	
XT	石英晶体	2^{15}Hz(32768Hz)	1	
C_1	瓷介电容器	CC1-63V-22pF$\pm$10%	1	
C_2	瓷介电容器	CC1-63V-22pF 可微调	1	
$S_1 \sim S_3$	按钮式开关	一刀二掷	3	
VT	晶体三极管	9013	1	
B	扬声器	ϕ58/8Ω/0.25W	1	
	扬声器接线	安装线 AVR0.15$\times$7	2	
	印制板		1	

3. 实训电路与说明

见本项目 6 的[知识链接 2]。

4. 实训电路的安装与调试

按照如图 6.2 所示的数字电子钟电路原理图，参考如图 6.3 所示的数字电子钟安装图、如图 6.4 所示的数字钟印刷板图和如图 6.5 所示的数字钟元件布局图进行设计安装，用常规工艺安装好电路。检查确认电路安装无误后，接通电源，逐级调试。

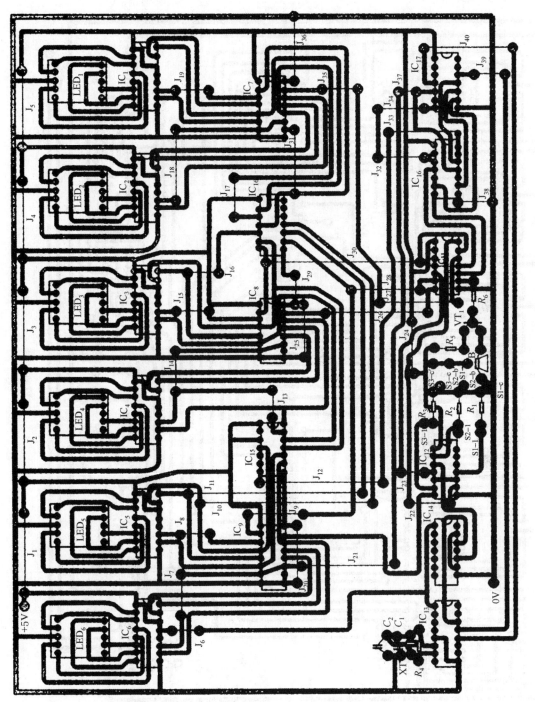

图 6.3 数字电子钟安装图

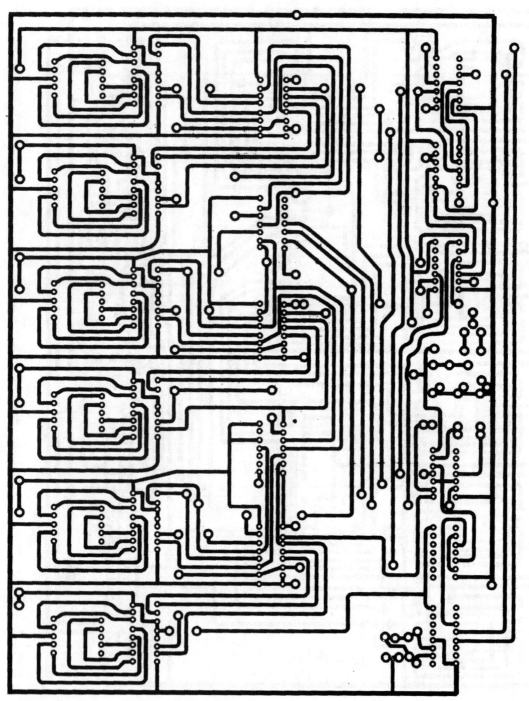

图 6.4 数字钟印制板

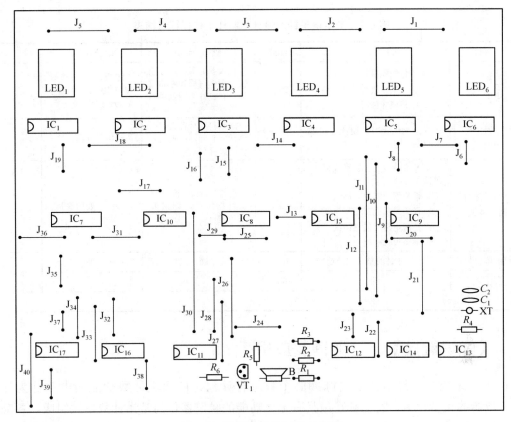

图 6.5 数字电子钟元件布局图

（1）秒信号发生电路调试。测量晶体振荡器输出频率，调节微调电容 C_2，使振荡频率为 32768Hz。再测 CD4060 的 Q_4、Q_5 和 Q_6 等脚输出频率，检查 CD4060 工作是否正常。

（2）计数器的调试。将秒脉冲送入秒计数器，检查秒个位、十位是否按 10 秒、60 秒进位。采用同样方法检测分计数器和时计数器。

（3）译码显示电路的调试。观察在 1Hz 的秒脉冲信号作用下数码管的显示情况。

（4）校时电路的调试。调试好时、分、秒计数器后，通过校时开关依次校准秒、分、时，使数字钟正常走时。

（5）整点报时电路的调试。利用校时开关加快数字钟走时，调试整点报时电路，使其分别在 59 分 51 秒、53 秒、55 秒、57 秒时鸣叫 4 声低音，在 59 分 59 秒时鸣叫一声高音。

5．完成电路的详细分析及编写项目实训报告

整理相关资料，完成电路的详细分析及编写项目实训报告。

6．实训考核

数字电子钟的设计与制作工作过程考核表如表 6.2 所示。

表 6.2 数字电子钟的设计与制作工作过程考核表

项 目	内 容	配分	考核要求	扣分标准	得 分
工作态度	1. 工作的积极性 2. 安全操作规程的遵守情况 3. 纪律遵守情况	20 分	积极参加工作，遵守安全操作规程和劳动纪律，有良好的职业道德和敬业精神	违反安全操作规程扣 10 分，不遵守劳动纪律扣 10 分	
电路元器件的识别	电路元件的型号识读及引脚号的识读	20 分	能回答型号含义，引脚功能明确，会画出元件引脚排列示意图	每错一处扣 2 分	
数字电子钟的安装与调试	1. 秒信号发生电路安装与调试 2. 计数器的安装与调试 3. 译码显示电路安装与调试 4. 校时电路安装与调试 5. 整点报时电路安装与调试	50 分	电路安装正确，调试过程清楚，调试方法正确	每错一处扣 5 分	
电路整体安装	数字电子钟的整体安装连接	10 分	安装正确，正常运行	每错一处扣 2 分	
合计		100 分			

注：各项配分扣完为止。

6.2 【知识链接】 计数器及应用

在数字系统中，经常需要对脉冲的个数进行计数，能实现计数功能的电路称为计数器。计数器的类型较多，它们都是由具有记忆功能的触发器作为基本计数单元组成，各触发器的连接方式不一样，就构成了各种不同类型的计数器。

计数器按步长分，有二进制、十进制和 N 进制计数器；按计数增减趋势分，有加计数、减计数和可加可减的可逆计数器，一般所说的计数器均指加计数器；按计数器中各触发器的翻转是否同步，可分同步计数器和异步计数器；按内部器件分，有 TTL 和 CMOS 计数器等。

6.2.1 二进制计数器

二进制计数器就是按二进制计数进位规律进行计数的计数器。由 n 个触发器组成的二进制计数器称为 n 位二进制计数器，它可以累计 $2^n= M$ 个有效状态。M 称为计数器的模或计数容量。若 $n=1,2,3,4,\cdots$，则计数器的模 $M=2，4，8，16，\cdots$，相应的计数器称为 1 位二进制计数器，2 位二进制计数器，3 位二进制计数器，4 位二进制计数器，……。下面以 4 位二进制加法计数器为例分析计数器的工作原理。

1. 工作原理

4 位二进制加法计数器清零后，输出状态从 0000 开始，即 $Q_3Q_2Q_1Q_0$=0000；第 1 个脉冲出现时，$Q_3Q_2Q_1Q_0$=0001；第 2 个脉冲出现时，$Q_3Q_2Q_1Q_0$=0010；……；第 8 个脉冲出现时，$Q_3Q_2Q_1Q_0$=1000；……；第 15 个脉冲出现时，$Q_3Q_2Q_1Q_0$=1111；第 16 个脉冲出现时，$Q_3Q_2Q_1Q_0$=0000，Q_3 输出进位脉冲，完成计数过程。工作波形如图 6.6 所示，状态转换如图 6.7 所示。

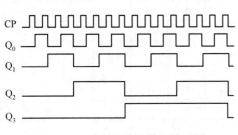

图 6.6 二进制加法计数器波形图

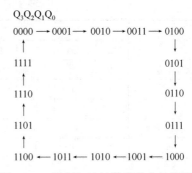

图 6.7 二进制加法计数器状态转换图

若为二进制减法计数器，其工作波形如图 6.8 所示，状态转换如图 6.9 所示。

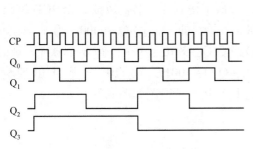

图 6.8 二进制减法计数器波形图

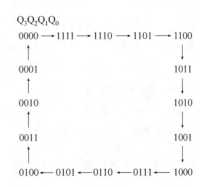

图 6.9 二进制减法计数器状态转换图

2．集成二进制计数器芯片介绍

集成二进制计数器芯片有许多品种。74LS161 是 4 位同步二进制加法计数器，其引脚排列如图 6.10 所示，$\overline{C_R}$ 是异步清零端，低电平有效；$\overline{LD}$ 是同步并行预置数控制端，低电平有效；D_3、D_2、D_1、D_0 是并行数据输入端；E_P、E_T 是使能端（即工作状态控制端）；CP 是触发脉冲，上升沿触发；Q_3、Q_2、Q_1、Q_0 是输出端，C_0 为进位输出端。其功能如表 6.3 所示，可见，74LS161 具有上升沿触发、异步清零、同步并行送数、计数、保持等功能。

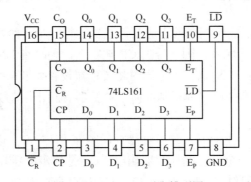

图 6.10 74LS161 引脚排列图

表 6.3　74LS161 集成计数器功能表

功　能	输　入								输　出			
	$\overline{C_R}$	$\overline{LD}$	E_P	E_T	CP	D_3	D_2	D_1	D_0	Q_3	Q_2	Q_1	Q_0
异步清零	0	×	×	×	×	×	×	×	×	0	0	0	0
保持	1	1	×	0	×	×	×	×	×	Q_3	Q_2	Q_1	Q_0
	1	1	0	×									
同步并行送数	1	0	×	×	↑	d_3	d_2	d_1	d_0	d_3	d_2	d_1	d_0
计数	1	1	1	1	↑	×	×	×	×	4 位二进制加法计数			

6.2.2　十进制计数器

1．工作原理

用二进制数码表示十进制数的方法，称为二-十进制编码，简称 BCD 码。8421BCD 码是最常用也是最简单的一种十进制编码。常用的集成十进制计数器多数按 8421BCD 编码。

十进制加法计数器清零后，输出状态从 0000 开始，即 $Q_3Q_2Q_1Q_0=0000$；第 1 个脉冲出现时，$Q_3Q_2Q_1Q_0=0001$；第 2 个脉冲出现时，$Q_3Q_2Q_1Q_0=0010$；……；第 8 个脉冲出现时，$Q_3Q_2Q_1Q_0=1000$；第 9 个脉冲出现时，$Q_3Q_2Q_1Q_0=1001$；第 10 个脉冲出现时，$Q_3Q_2Q_1Q_0=0000$，Q_3 输出进位脉冲，完成计数过程。状态转换图如图 6.11 所示。

2．集成十进制计数器芯片介绍

集成十进制计数器应用较多，以下介绍 3 种比较常用的计数器。

（1）同步十进制加法计数器 CD4518，其主要特点是时钟触发可用上升沿，也可用下降沿，采用 8421BCD 编码。CD4518 的引脚排列图如图 6.12 所示，

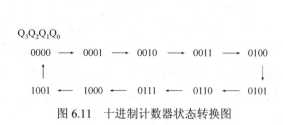

图 6.11　十进制计数器状态转换图

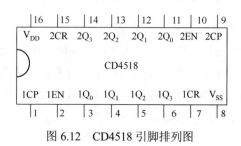

图 6.12　CD4518 引脚排列图

CD4518 内含两个功能完全相同的十进制计数器。每一个计数器，均有两个时钟输入端 CP 和 EN，若用时钟上升沿触发，则信号由 CP 端输入，同时将 EN 端设置为高电平；若用时钟下降沿触发，则信号由 EN 端输入，同时将 CP 端设置为低电平。CD4518 的 CR 为清零信号输入端，当在该脚加高电平或正脉冲时，计数器各输出端均为零电平。CD4518 的逻辑功能如表 6.4 所示。

（2）双十进制计数器 74LS390，其引脚排列如图 6.13 所示，内部的每一个十进制计数器由一个二进制计数器和一个五进制计数器构成。C_R 是异步清零端，高电平有效；$\overline{CP_A}$、$\overline{CP_B}$ 是脉冲输入端，下降沿触发；Q_3、Q_2、Q_1、Q_0 为 4 个输出端，其中 $\overline{CP_A}$、Q_0 分别是二

进制计数器的脉冲输入端和输出端；$\overline{CP_B}$ 和 $Q_1\sim Q_3$ 是五进制计数器的脉冲输入端和输出端。如果将 Q_0 直接与 $\overline{CP_B}$ 相连，以 $\overline{CP_A}$ 作为脉冲输入端，则可以实现 8421BCD 十进制计数。可见，74LS390 具有下降沿触发、异步清零、二进制、五进制、十进制计数等功能。

表 6.4 CD4518 集成块功能表

输入			输出
CR	CP	EN	
1	×	×	全部为 0
0	↑	1	加计数
0	0	↓	加计数
0	↓	×	保持
0	×	↑	
0	↑	0	
0	1	↓	

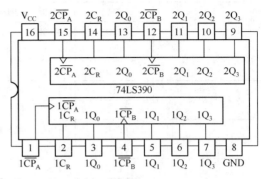

图 6.13 74LS390 引脚排列图

（3）同步十进制计数器 74LS160，其引脚排列如图 6.14 所示，与 74LS161 的引脚排列相同，功能表也大致相同，74LS160 具有上升沿触发、异步清零、同步并行送数、计数、保持等功能。所不同的是 74LS160 是十进制计数，而 74LS161 是十六进制计数（即 4 位二进制计数）。当电路从 0000 开始计数，直到输入第 9 个计数脉冲为止，它的工作过程与二进制计数器相同。计入第 9 个计数脉冲后电路进入 1001 状态，这时电路通过控制电路使当第 10 个计数脉冲输入后，电路返回到 0000 状态，从而实现十进制计数功能。74LS16 的逻辑功能如表 6.5 所示。

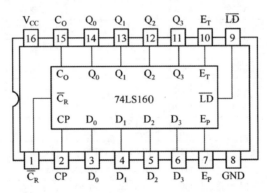

图 6.14 74LS160 引脚排列图

表 6.5 74LS160 集成计数器功能表

功 能	输 入									输 出			
	$\overline{C_R}$	$\overline{LD}$	E_P	E_T	CP	D_3	D_2	D_1	D_0	Q_3	Q_2	Q_1	Q_0
异步清零	0	×	×	×	×	×	×	×	×	0	0	0	0
保持	1	1	×	0	×	×	×	×	×	Q_3	Q_2	Q_1	Q_0
	1	1	0	×	×					Q_3	Q_2	Q_1	Q_0
同步并行送数	1	0	×	×	↑	d_3	d_2	d_1	d_0	d_3	d_2	d_1	d_0
计数	1	1	1	1	↑	×	×	×	×	十进制加法计数			

如表 6.6 所示为常用的中规模集成计数器的主要品种。

表 6.6 常用的中规模集成计数器的主要品种

名　　称	型　　号		说　　明
二-十进制同步计数器	TTL	74160　74LS160	同步预置、异步清零
	CMOS	40160B	
四位二进制同步计数器	TTL	74161　74LS161	同步预置、异步清零
	CMOS	40161B	
二-十进制同步计数器	TTL	74162　74LS162	同步预置、同步清零
	CMOS	40162B	
四位二进制同步计数器	TTL	74163　74LS163	同步预置、同步清零
	CMOS	40163B	
二-十进制加/减计数器	TTL	74LS168	同步预置、无清零端
	TTL	74192　74LS192	异步预置、异步清零、双时钟
	CMOS	40192B	
	TTL	74190　74LS190	异步预置、无清零端、单时钟
	CMOS	4510B	
四位二进制加/减计数器	TTL	74LS169	同步预置、无清零端
	TTL	74193　74LS193	异步预置、异步清零、双时钟
	CMOS	40193B	
	TTL	74191　74LS191	异步预置、无清零端、单时钟
	CMOS	4516B	
双二-十进制加计数器	CMOS	4518B	异步清零
双四位二进制加计数器	CMOS	4520B	异步清零
四位二进制 I/N 计数器	CMOS	4526B	同步预置
四位二-十进制 I/N 计数器	CMOS	4522B	同步预置
十进制计数/分配器	CMOS	4017B	异步清零，采用约翰逊编码
八进制计数/分配器	CMOS	4022B	
二-五-十进制计数器	TTL	74LS90　74LS290　7490　74290	
		74176　74LS196　74196	可预置
二-八-十六进制计数器	TTL	74177　74LS197　74197	可预置
		7493　74LS93　74293　74LS293	异步清零
二-六-十二进制计数器	TTL	7492　74LS92	异步清零
双四位二进制计数器	TTL	74393　74LS393　7469	异步清零
双二-五-十进制计数器	TTL	74390　74LS390　74490　74LS490　7468	
七级二进制脉冲计数器	CMOS	4024B	
十二级二进制脉冲计数器	CMOS	4040B	
十四级二进制脉冲计数器	CMOS	4020B　4060B	4060B 外接电阻、电容、石英晶体等元件可作振荡器。

74LS163 与 74LS161 功能几乎完全相同，唯一不同点是 74LS163 要求在 CP↑时清零，即同步清零。

6.2.3 实现 N 进制计数器的方法

在集成计数器产品中，只有二进制计数器和十进制计数器两大系列，但在实际应用中，常要用其他进制计数器，例如，七进制计数器、十二进制计数器、二十四进制计数器、六十进制计数器等。一般将二进制和十进制以外的进制统称为任意进制。要实现任意进制计数器，必须选择使用一些集成二进制或十进制计数器的芯片。设已有中规模集成计数器的模为 M，而需要得到一个 N 进制计数器。通常有小容量法（$N<M$=和大容量法（$N>M$）两种。利用 MSI 计数器芯片的外部不同方式的连接或片间组合，可以很方便地构成 N 进制计数器。下面分别讨论两种情况下构成任意一种进制计数器的方法。

1. $N<M$ 的情况

采用反馈归零或反馈置数法来实现所需的任意进制计数。实现 N 进制计数，所选用的集成计数器的模必须大于 N。

例 6.1 试用 74LS161 构成十二进制计数器。

解：利用 74LS161 的异步清零 $\overline{C}_R$，强行中止其计数趋势，如设初态为 0，则在前 11 个计数脉冲作用下，计数器按 4 位二进制规律正常计数，而当第 12 个计数脉冲到来后，计数器状态为 1100，此时通过与非门使 $\overline{C}_R=0$，借助异步清零功能，使计数器输出变为 0000，从而实现十二进制计数，其状态转换图如图 6.15 所示。电路连接方式如图 6.16 所示。在此电路工作中，1100 状态会瞬间出现，但并不属于计数器的有效状态。

图 6.15 十二进制计数器状态转换图

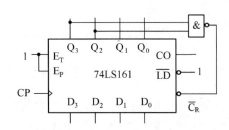

图 6.16 74LS161 构成十二进制计数器

本例采用的是反馈归零法，按照此方法，可用 74LS161 方便地构成任何十六进制以内的计数器。

思考

如果用 74LS163 实现十二进制计数器，电路与图 6.16 一样吗？为什么？

2. N>M 的情况

这时必须用多片 M 进制计数器组合起来，才能构成 N 进制计数器。

例 6.2 用两片 74LS161 级联成 256 进制同步加法计数器，如图 6.17 所示。

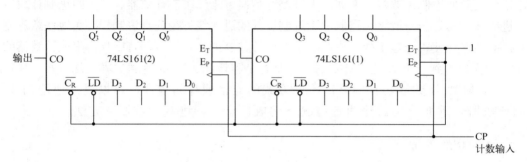

图 6.17 74LS161 构成 256 进制计数器图

解：第 1 片的工作状态控制端 E_P 和 E_T 恒为 1，使计数器始终处在计数工作状态。以第 1 片的进位输出 CO 作为第 2 片的 E_P 或 E_T 输入，每当第 1 片计数到 15（1111）时 CO 变为 1，下个脉冲信号到达时第 2 片为计数工作状态，计入 1，而第 1 片重复计数到 0（0000），它的 CO 端回到低电平，第 2 片为保持原状态不变。电路能实现从 0000 0000 到 1111 1111 的 256 进制计数。

例 6.3 用两片 74LS161 级联成五十进制计数器，如图 6.18 所示。

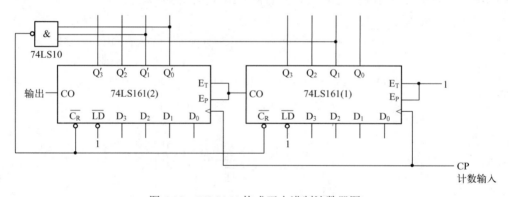

图 6.18 74LS161 构成五十进制计数器图

解：第 1 片的工作状态控制端 E_P 和 E_T 恒为 1，使计数器始终处在计数工作状态。以第 1 片的进位输出 CO 作为第 2 片的 E_P 或 E_T 输入，当第 1 片计数到 15（1111）时，CO 变为 1，下个脉冲信号到达时第 2 片为计数工作状态，计入 1，而第 1 片计数到 0（0000），它的 CO 端回到低电平，第 2 片为保持原状态不变。因为十进制数 50 对应的二进制数为 0011 0010，所以当第 2 片计数到 3（0011），第 1 片计数到 2（0010）时，通过与非门控制使第 1 片和第 2 片同时清零，从而实现从 0000 0000 到 0011 0001 的五十进制计数。在此电路工作中，0011 0010 状态会瞬间出现，但并不属于计数器的有效状态。

例 6.4 试用一片双 BCD 同步十进制加法计数器 CD4518 构成二十四进制计数器。

解：CD4518 内含两个功能完全相同的十进制计数器。每当个位计数器计数到 9

（1001）时，下个脉冲信号到达即个位计数器计数到 0（0000）时，十位计数器的 2EN 端获得一个脉冲下降沿使十位计数器处于计数工作状态，计入 1。当十位计数器计数到 2（0010），个位计数器计数到 4（0100）时，通过与门控制使十位计数器和个位计数器同时清零，从而实现二十四进制计数，如图 6.19 所示。

例 6.5 试用一片双 BCD 同步十进制加法计数器 CD4518 构成六十进制计数器，如图 6.20 所示。

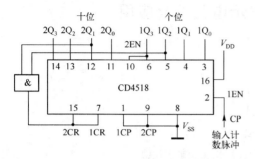

图 6.19　CD4518 构成二十四进制计数器

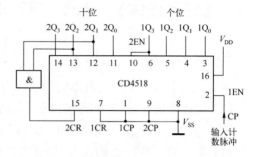

图 6.20　CD4518 构成六十进制计数器

解：CD4518 内含两个功能完全相同的十进制计数器。每当个位计数器计数到 9（1001）时，下个脉冲信号到达即个位计数器计数到 0（0000）时，十位计数器的 2EN 端获得一个脉冲下降沿使十位计数器处于计数工作状态，计入 1。当十位计数器计数到 6（0110）时，通过与门控制使十位计数器清零，从而实现六十进制计数。

例 6.6 试用一片双十进制计数器 74LS390 构成六十进制计数器，如图 6.21 所示。

解：（1）先将图中 $1Q_0$ 连接 $1\overline{CP_B}$，$2Q_0$ 连接 $2\overline{CP_B}$ 使 74LS390 接成十进制计数。

（2）$1Q_3$ 连接 $2\overline{CP_A}$，每当个位计数器计数到 9（1001）时，下个脉冲信号到达即个位计数器计数到 0（0000）时，十位计数器的 $2\overline{CP_A}$ 端获得一个脉冲下降沿使十位计数器处于计数工作状态，计入 1。当十位计数器计数到 6（0110）时，通过与门控制使十位计数器清零，从而实现六十进制计数。

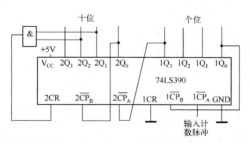

图 6.21　74LS390 构成六十进制计数器

 小知识

数字电路可以分成以下两大类：

一类是组合逻辑电路，主要由逻辑门电路组成，组合逻辑电路的特点是无反馈连接的电路，没有记忆单元，其任一时刻的输出状态仅取决于该时刻的输入状态，而与电路原有的状态无关。例如在前面几个项目中学习过的编码器、译码器、加法器、数据选择器等均属于组合逻辑电路。

另一类就是时序逻辑电路，主要由具有记忆功能的触发器组成，时序逻辑电路的特点是其任一时刻的输出状态不仅取决于该时刻的输入状态，而且还与电路原有的状态有关。计数器是极具典型性和代表性的时序逻辑电路，它的应用十分广泛。

6.3 【任务训练】 计数、译码和显示电路综合应用

工作任务单

（1）识别中规模集成计数器的功能，引脚分布。
（2）完成集成计数器 74LS161 的逻辑功能测试。
（3）完成集成计数器 74LS390 的逻辑功能测试。
（4）完成用 74LS161 构成五进制计数器的电路设计及功能测试。
（5）完成用 74LS390 构成二十四进制计数器的电路设计及功能测试。
（6）完成计数、译码和显示电路的测试。

1. 实训目标

（1）熟悉中规模集成计数器的逻辑功能及使用方法。
（2）熟悉中规模集成译码器及数字显示器件的逻辑功能。
（3）掌握集成计数器逻辑功能测试。
（4）掌握任意进制计数器的设计方法及功能测试。
（5）掌握计数、译码、显示电路综合应用的方法。

2. 实训设备与器件

实训设备：数字电路实验装置　1 台
实训器件：74LS161、74LS00、74LS390、74LS08　　　　　各 1 片
　　　　　74LS48、共阴极 LED 数码管　　　　　　　　　各 2 片

3. 实训内容与步骤

（1）测试 74LS161 的逻辑功能。按照图 6.22 接线，$\overline{C_R}$、$\overline{LD}$、E_T、E_P、D_0、D_1、D_2、D_3 分别接逻辑电平开关，$Q_0Q_1Q_2Q_3$ 接逻辑电平显示，CP 接单次脉冲。按以下步骤进行逐项测试。

① 清零。令 $\overline{C_R}$=0，其他均为任意态，此时计数器输出 $Q_3Q_2Q_1Q_0$=0000。清零之后，置 $\overline{C_R}$=1。

② 保持。令 $\overline{C_R}$=$\overline{LD}$=1，E_T 或 E_P=0，其他均为任意态，加 CP 脉冲，观察计数器的输出状态是否变化。

③ 并行送数。送入任意 4 位二进制数，如 $D_3D_2D_1D_0$=0101，加 CP 脉冲，观察 CP=0、

CP 由 0→1、CP 由 1→0 三种情况下计数器输出状态的变化，注意观察计数器输出状态变化是否发生在 CP 脉冲的上升沿（即 0→1）。

④ 计数。令 $\overline{C}_R$ = $\overline{LD}$ = E_T = E_P = 1，连续输入 CP 脉冲，观察计数器的计数输出情况，注意观察计数器输出状态变化是否发生在 CP 脉冲的上升沿（即 0→1）。

（2）测试 74LS390 的逻辑功能。参考 74LS161 功能测试图，自己画出 74LS390 的功能测试接线图，分别完成 74LS390 的二进制、五进制、十进制计数等功能测试。

① 用 $\overline{CP}_A$ 触发，连续输入 CP 脉冲，观察计数器 Q_0 的输出情况，验证 74LS390 的二进制计数功能。

② 用 $\overline{CP}_B$ 触发，连续输入 CP 脉冲，观察计数器 Q_1、Q_2、Q_3 的输出情况，验证 74LS390 的五进制计数功能。

③ 将 Q_0 直接与 $\overline{CP}_B$ 相连，以 $\overline{CP}_A$ 作为 CP 脉冲，连续输入 CP 脉冲，观察计数器 Q_0、Q_1、Q_2、Q_3 的输出情况，验证 74LS390 的十进制计数功能。

（3）用 74LS161 构成五进制计数器。把计数器 74LS161 的输出 Q_0、Q_2（即 0101）通过与非门反馈到 $\overline{C}_R$ 端，可以构成五进制计数器，从 0000 循环到 0100。按图 6.23 接好连线，连续给定 CP 脉冲，观察输出是否从 0000 循环到 0100。

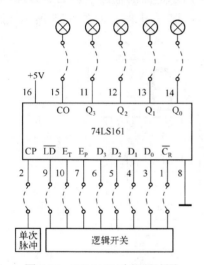
图 6.22　74LS161 功能测试图

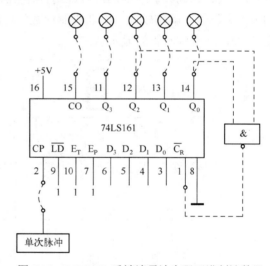
图 6.23　74LS161 反馈清零法实现五进制计数器

小问答

如果要用上述方法构成七进制计数器，应如何接线？

（4）用 74LS390 构成二十四进制计数器。74SL390 和门电路相配合，可以实现任意进制计数器。如图 6.24 所示是利用 74LS390 构成二十四进制计数器，两个计数器的 Q_0 分别接 $\overline{CP}_B$（即 3 脚接 4 脚，13 脚接 12 脚）构成十进制计数，而 1Q_3 接至 2$\overline{CP}_A$，2Q_1、1Q_2 通过与门（74LS08）反馈到两个 C_R 端，构成二十四进制计数器。连续给单次脉冲，观察输出状态。

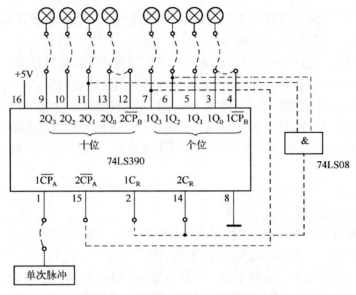

图 6.24 74LS390 实现二十四进制计数

(5) 计数、译码和显示电路综合应用。在如图 6.24 所示电路的输出端加上 74LS48 和共阴极 LED 数码管,就构成了二十四进制计数、译码、显示综合电路,如图 6.25 所示。连续给单次脉冲,观察数码管的显示状态。

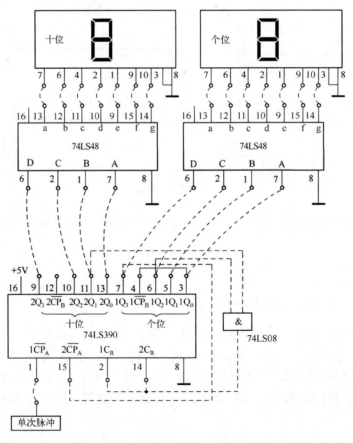

图 6.25 计数、译码和显示电路综合应用接线图

· 122 ·

4. 实训考核

计数、译码和显示电路测试工作过程考核表如表 6.7 所示。

表 6.7 计数、译码和显示电路测试工作过程考核表

项 目	内 容	配分	考核要求	扣分标准	得分
工作态度	1. 工作的积极性 2. 安全操作规程的遵守情况 3. 纪律遵守情况	30 分	积极参加工作,遵守安全操作规程和劳动纪律,有良好的职业道德和敬业精神	违反安全操作规程扣 20 分,不遵守劳动纪律扣 10 分	
计数器的识别	1. 计数器的型号识读 2. 译码器引脚号的识读	20 分	能回答型号含义,引脚功能明确,会画出元件引脚排列示意图	每错一处扣 2 分	
计数器的功能测试	1.能正确连接测试电路 2. 能正确测试计数器的逻辑功能	30 分	熟悉计数器的逻辑功能 2. 正确记录测试结果	验证方法不正确扣 5 分 记录测试结果不正确扣 5 分	
计数器应用电路设计	能用常用集成计数器设计任意进制计数器	20	完成任意进制计数器逻辑电路图设计	逻辑电路图每错一处扣 5 分	
合计		100 分			
注:各项配分扣完为止					

6.4 【知识链接】 数字电子钟的电路组成与工作原理

数字电子钟是采用数字电路对"时"、"分"、"秒"数字显示的计时装置。与传统的机械钟相比,它具有走时准确、显示直观、无机械传动等优点,广泛应用于电子手表和车站、码头、机场等公共场所的大型电子钟等。

6.4.1 电路组成

如图 6.26 所示是数字钟的组成框图。由图可见,该数字钟由秒脉冲发生器,六十进制"秒"、"分"计时计数器和二十四进制"时"计时计数器,时、分、秒译码显示器,校时电路和报时电路等 5 部分电路组成。

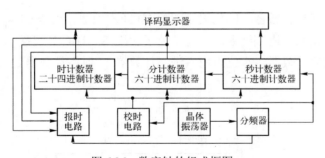

图 6.26 数字钟的组成框图

6.4.2 电路工作原理

1. 秒信号发生电路

秒信号发生电路产生频率为 1Hz 的时间基准信号。数字钟大多采用 32768(2^{15})Hz 石英晶体振荡器,经过 15 级二分频,获得 1Hz 的秒脉冲,秒脉冲信号发生电路如图 6.27 所示。该电路主要应用 CD4060。CD4060 是 14 级二进制计数器/分频器/振荡器。它与外接电

阻、电容、石英晶体共同组成 2^{15}=32768Hz 振荡器，并进行 14 级二分频，再外加一级 D 触发器（74LS74）二分频，输出 1Hz 的时基秒信号。CD4060 的引脚排列如图 6.28 所示，如表 6.8 所示为 CD4060 的功能表，如图 6.29 所示为 CD4060 的内部逻辑框图。

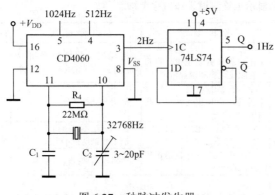

图 6.27 秒脉冲发生器

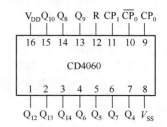

图 6.28 CD4060 的引脚排列

表 6.8 CD4060 的功能表

R	CP	功　能
1	×	清零
0	↑	不变
0	↓	计数

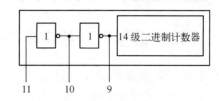

图 6.29 CD4060 的内部逻辑框图

R_4 是反馈电阻，可使 CD4060 内非门电路工作在电压传输特性的过渡区，即线性放大区。R_4 的阻值可在几兆欧姆到十几兆欧姆之间选择，一般取 22MΩ。C_2 是微调电容，可将振荡频率调整到精确值。

2. 计数器电路

"秒"、"分"、"时"计数器电路均采用双 BCD 同步加法计数器 CD4518，如图 6.30 所示"秒"、"分"计数器是六十进制计数器，为了便于应用 8421BCD 码显示译码器工作，"秒"、"分"个位采用十进制计数器，十位采用六进制计数器。"时"计数器是二十四进制计数器，如图 6.31 所示。

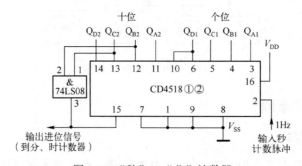

图 6.30 "秒"、"分"计数器

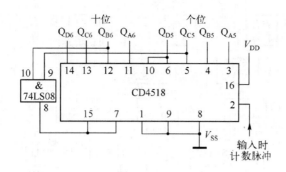

图 6.31 "时"计数器

3. 译码、显示电路

"时"、"分"、"秒"的译码和显示电路完全相同,均使用七段显示译码器 74LS248 直接驱动 LED 数码管 LC5011-11。如图 6.32 所示为秒位译码、显示电路。74LS248 和 LC5011-11 的引脚排列如图 6.33 所示。

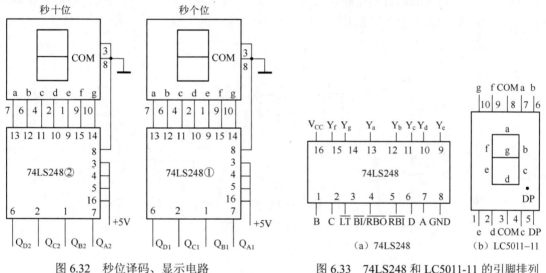

图 6.32 秒位译码、显示电路　　　　图 6.33 74LS248 和 LC5011-11 的引脚排列

4. 校时电路

校时电路如图 6.34 所示。"秒"校时采用等待时法。正常工作时,将开关 S_1 拨向 V_{DD} 位置,不影响与门 G_1 传送秒计数信号。进行校对时,将 S_1 拨向接地位置,封闭与门 G_1,暂停秒计时。标准时间一到,立即将 S_1 拨回 V_{DD} 位置,开放与门 G_1。"分"和"时"校时采用加速校时法。正常工作时,S_2 或 S_3 接地,封闭与门 G_3 或 G_5,不影响或门 G_2 或 G_4 传送秒、分进位计数脉冲。进行校对时,将 S_2、S_3 拨向 V_{DD} 位置,秒脉冲通过 G_2、G_3 或 G_4、G_5 直接引入"分"、"时"计数器,让"分"、"时"计数器以秒节奏快速计数。待标准分、时一到,立即将 S_2、S_3 拨回接地位置,封锁秒脉冲信号,开放或门 G_4、G_2 对秒、分进位计数脉冲的传送。

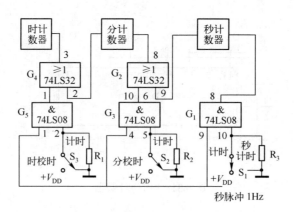

图 6.34 校时电路

5. 整点报时电路

整点报时电路如图 6.35 所示,包括控制和音响两部分。每当"分"和"秒"计数器计到 59 分 51 秒,自动驱动音响电路发出 5 次持续 1s 的鸣叫,前 4 次音调低,最后一次音调高。最后一声鸣叫结束,计数器正好为整点("00"分"00"秒)。

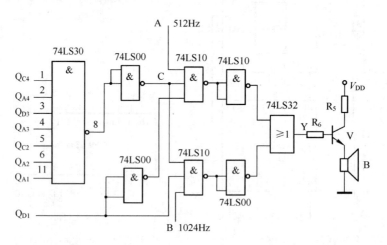

图 6.35 整点报时电路

(1) 控制电路。每当分、秒计数器计到 59 分 51 秒,即

$$Q_{D4}Q_{C4}Q_{B4}Q_{A4}=0101$$
$$Q_{D3}Q_{C3}Q_{B3}Q_{A3}=1001$$
$$Q_{D2}Q_{C2}Q_{B2}Q_{A2}=0101$$
$$Q_{D1}Q_{C1}Q_{B1}Q_{A1}=0001$$

时,开始鸣叫报时。此间,只有秒个位计数,所以

$$Q_{C4}=Q_{A4}=Q_{D3}=Q_{A3}=Q_{C2}=Q_{A2}=1$$

另外,时钟到达 51、53、55、57 和 59 秒(即 $Q_{A1}=1$)时就鸣叫。为此,将 Q_{C4}、Q_{A4}、Q_{D3}、Q_{A3}、Q_{C2}、Q_{A2} 和 Q_{A1} 逻辑相与作为控制信号 C:

$$C = Q_{C4}Q_{A4}Q_{D3}Q_{A3}Q_{C2}Q_{A2}Q_{A1}$$

所以，
$$Y=C\overline{Q_{D1}}A+CQ_{D1}B$$

在 51、53、55 和 57 秒时，$Q_{D1}=0$，$Y=A$，扬声器以 512Hz 音频鸣叫 4 次。在 59 秒时，$Q_{D1}=1$，$Y=B$，扬声器以 1024kHz 高音频鸣叫最后一响。报时电路中的 512Hz 低音频信号 A 和 1024Hz 高音频信号 B 分别取自 CD4060 的 Q_6 和 Q_5。

（2）音响电路。音响电路采用射极输出器 V 驱动扬声器，R_6、R_5 用来限流。

本 章 小 结

1．数字电路可以分成两大类：组合逻辑电路和时序逻辑电路。

2．组合逻辑电路主要由逻辑门电路组成，组合逻辑电路的特点是无反馈连接的电路，没有记忆单元，其任一时刻的输出状态仅取决于该时刻的输入状态。例如在前面几个项目中学习过的编码器、译码器、加法器、数据选择器等均属于组合逻辑电路。

3．时序逻辑电路，主要由具有记忆功能的触发器组成，时序逻辑电路的特点是其任一时刻的输出状态不仅取决于该时刻的输入状态，而且还与电路原有的状态有关。计数器是极具典型性和代表性的时序逻辑电路，它的应用十分广泛。

4．获得 N 进制计数器的常用方法有两种：一种是用时钟触发器和门电路进行设计；第二种是由集成计数器构成，利用清零端或置数控制端，让电路跳过某些状态而获得 N 进制计数器。

习 题 6

一、填空题

6.1 构成一个六进制计数器最少要采用____个触发器，这时构成的电路有____个有效状态，____个无效状态。

6.2 使用 4 个触发器构成的计数器最多有_____个有效状态。

6.3 4 位二进制加法计数器现时的状态为 0111，当下一个时钟脉冲到来时，计数器的状态变为____。

6.4 时序逻辑电路按照其触发器是否有统一的时钟控制分为_____时序电路和_____时序电路。

二、选择题

6.5 同步计数器和异步计数器比较，同步计数器的显著优点是（　　）。

A．工作速度高　　　　　　　B．触发器利用率高

C．电路简单　　　　　　　　D．不受时钟 CP 控制。

6.6 把一个五进制计数器与一个四进制计数器串联可得到（　　）进制计数器。

A．4　　　　B．5　　　　C．9　　　　D．20

6.7 下列逻辑电路中为时序逻辑电路的是（　　）。

A．变量译码器　B．加法器　　C．数码寄存器　　D．数据选择器

6.8 N 个触发器可以构成最大计数长度（进制数）为（　　）的计数器。

A．N　　　　B．2N　　　　C．N^2　　　　D．2^N

6.9 N 个触发器可以构成能寄存（　　）位二进制数码的寄存器。

A. $N-1$　　　B. N　　　C. $N+1$　　　D. $2N$

6.10　5 个 D 触发器构成环形计数器，其计数长度为（　　）。

A. 5　　　B. 10　　　C. 25　　　D. 32

6.11　同步时序电路和异步时序电路比较，其差异在于后者（　　）。

A. 没有触发器　　　　　　　B. 没有统一的时钟脉冲控制

C. 没有稳定状态　　　　　　D. 输出只与内部状态有关

6.12　一位 8421BCD 码计数器至少需要（　　）个触发器。

A. 3　　　B. 4　　　C. 5　　　D. 10

6.13　某电视机水平-垂直扫描发生器需要一个分频器将 31500Hz 的脉冲转换为 60Hz 的脉冲，欲构成此分频器至少需要（　　）个触发器。

A. 10　　　B. 60　　　C. 525　　　D. 31500

二、判断题（正确的打"√"，错误的打"×"）

6.14　组合电路不含有记忆功能的器件。（　　）

6.15　时序电路不含有记忆功能的器件。（　　）

6.16　同步时序电路具有统一的时钟 CP 控制。（　　）

6.17　异步时序电路的各级触发器类型不同。（　　）

6.18　计数器的模是指构成计数器的触发器的个数。（　　）

6.19　计数器的模是指输入的计数脉冲的个数。（　　）

6.20　把一个五进制计数器与一个十进制计数器串联可得到 15 进制计数器。（　　）

6.21　利用反馈归零法获得 N 进制计数器时，若集成计数器为异步置零方式，则存在一个短暂的过渡状态，不能稳定而是立刻变为 0 状态。（　　）

三、分析题

6.22　试用 74LS161 构成七进制计数器。

6.23　用两片 74LS161 级联成六十进制计数器。

6.24　试用一片双 BCD 同步十进制加法计数器 CD4518 构成六十四进制计数器。

6.25　试分析如图 6.36 所示的计数器电路，说明这是多少进制的计数器，并列出状态图。

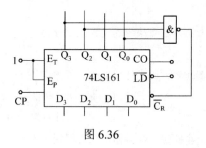

图 6.36

项目 7 叮咚门铃的制作

能力目标

（1）会筛选常用电子元件。
（2）能完成叮咚门铃的安装与调试。

知识目标

了解脉冲的产生与变换的基本概念；掌握 555 定时器的结构框图和工作原理；熟悉 555 定时器的应用电路及其工作原理；掌握 555 定时器应用电路的设计方法；掌握叮咚门铃的电路组成与工作原理。

7.1 【工作任务】 叮咚门铃的制作

工作任务单

（1）小组制订工作计划。
（2）完成叮咚门铃的逻辑电路设计。
（3）画出布线图。
（4）完成叮咚门铃电路所需元件的购买与检测。
（5）根据布线图制作叮咚门铃电路。
（6）完成叮咚门铃电路功能检测和故障排除。
（7）通过小组讨论完成电路的详细分析及编写项目实训报告。
叮咚门铃实物图如图 7.1 所示，其电路原理图如图 7.2 所示。

图 7.1 叮咚门铃实物图

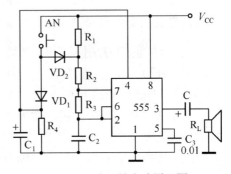

图 7.2 叮咚门铃电路原理图

1. 实训目标

（1）通过叮咚门铃电路熟悉用 555 时基电路构成的多谐振荡器电路。

（2）掌握叮咚门铃电路的安装技能。
（3）掌握叮咚门铃电路的调试技能。

2．实训设备与器件

实训设备：数字电路实验装置 1 台、万用表、示波器、直流稳压电源等。
实训器件：元件名称、规格型号和数量明细表见表 7.1。

表 7.1 元件名称、规格型号和数量明细表

序号	代号	名称	规格及型号	数量	备注
1	VD_1、VD_2	二极管	2CP12	2	
2	IC	555 定时器		1	
3	AN	按钮开关		1	
4	R_1	电阻器	39kΩ	1	
5	R_2、R_3	电阻器	30kΩ	2	
6	R_4	电阻器	4.7kΩ	1	
7	C	电容器	22μF	1	
8	C_1	电容器	47μF	1	
9	C_2、C_3	电容器	0.01μF	2	
10	R_L	扬声器	0.25W 8Ω	1	

3．实训电路与说明

实训电路如图 7.2 所示。按钮 AN 未按下时，555 的复位端通过 R_4 接地，因而 555 处于复位状态，扬声器不发声。当按下 AN 后，电源通过二极管 VD_1 使得 555 的复位端为高电平，振荡器起振。因为 R_1 被短路，所以振荡频率较高，发出"叮"声。当松开按扭，电容 C_1 上的电压继续维持高电平，振荡器继续振荡，但此时 R_1 已经接入定时电路，因此振荡频率较低，发出"咚"声。同时 C_1 通过 R_4 放电，当 C_1 上电压下降到低电平时，555 又被复位，振荡器停振，扬声器停止发声。再按一次按钮，电路将重复上述过程。

4．实训电路的安装与调试

（1）安装。按正确方法插好 IC 芯片，参照图 7.2 连接线路。电路可以连接在自制的 PCB（印制电路板）上，也可以焊接在万能板上，或通过"面包板"插接。

（2）调试。调试步骤如下：

① 接通电源（V_{CC}=+5V）后，按下 AN 按钮，试听扬声器是否发声。若不发声，设法查找并排除故障。

② 先确诊喇叭是否正常，最简捷的办法是用 1~2V 的直流电直接瞬时按通喇叭，正常的喇叭应有响声，若喇叭正常，则是其他的电路问题，应进一步检查。

③ 首先检查 IC_2 及其外围电路组成的自激多谐振荡器电路，某个元件损坏都可能导致喇叭无声，最常见的是 555 时基电路损坏，最简易的判断是：当用导线把 2、6 脚接低电平（地）时，输出端 3 脚应为高电平；把 2、6 脚接高电平（+5V）时，输出端 3 脚应为低电

平。这说明 555 时基电路功能基本正常。但是如果 555 时基电路芯片内（7 脚）的放电管损坏，电路也不能振荡。再就是 C_2 或 C 损坏。可以对元件进行测试判断其好坏，但更简捷的办法是采用"替换法"，即从工作正常的电路板上拔下相同参数的元件替换之；或把你认为有问题的元件插到工作正常的电路板上试之。查排故障直到喇叭有声响。

④ 当喇叭发出近似"叮咚"的声响但是不逼真，就要进行以下的调试：改变 R_4、C_1 的参数，可改变"叮咚"声响的"渐变"时间；改变 R_2、R_3、C_2 的参数，可改变"叮"声的声调，改变 R_1、R_2、R_3、C_2 的参数，可改变"咚"声的声调，调试到使扬声器发出清脆悦耳的叮咚声为止。

5. 完成电路的详细分析及编写项目实训报告

整理相关资料数据，完成电路的详细分析及编写项目实训报告。

6. 实训考核

叮咚门铃的制作工作任务过程考核表如表 7.2 所示。

表 7.2 叮咚门铃的制作工作任务过程考核表

项 目	内 容	配分	考 核 要 求	扣 分 标 准	得分
实训态度	1. 实训的积极性 2. 安全操作规程的遵守情况 3. 纪律遵守情况	20 分	积极参加实训，遵守安全操作规程和劳动纪律，有良好的职业道德和敬业精神	违反安全操作规程扣 20 分，其余不达要求酌情扣分	
元器件的识别	用万用表检测元件的质量	10 分	能正确识别和检测所使用的元器件	检测不正确每处扣 2 分	
电路的制作	1. 安装图的绘制 2. 电路的安装	20 分	电路装接正确，且符合工艺要求	电路装接不规范，每处扣 1 分，电路接错扣 5 分	
电路的调试	按如上所述步骤对电路进行调试	20 分	正确使用仪器、仪表，能查找并排除电路的故障，使电路正常工作	不能排除故障，每次扣 5 分	
电路故障的分析	按不同情况分析故障现象	20 分	能分析出电路故障产生的原因	分析不正确，每次扣 5 分	
电路参数的计算	计算该振荡器的两个不同的振荡频率 f_1 和 f_2	10 分	正确计算出电路两个不同的振荡频率 f_1 和 f_2	计算公式错误扣 10 分，计算值错误一处扣 2 分	
合计		100 分			

思考

若通电后，未按下 AN 按钮，喇叭却发出了单一频率的鸣叫声，试分析故障的原因。

7.2 【知识链接】 555 定时器及应用

555 定时器为数字-模拟混合集成电路，可产生精确的时间延迟和振荡，内部有 3 个 5kΩ 的电阻分压器，故称 555，其外形实物图如图 7.3 所示。在波形的产生与变换、测量与控制、家用电器、电子玩具等许多领域中都得到了广泛的应用。

图 7.3 555 实时器外形实物图

555 定时器的产品型号繁多,但所有 TTL 集成单定时器的最后 3 位数码为 555,双定时器的为 556,电源电压工作范围为 4.5~16V;所有 COMS 型集成单定时器的最后 3 位数码为 7555,双定时器的为 7556,电源电压工作范围为 3~18V。

7.2.1 555 定时器的电路结构及其功能

555 定时器由 5 部分组成,如图 7.4 所示。

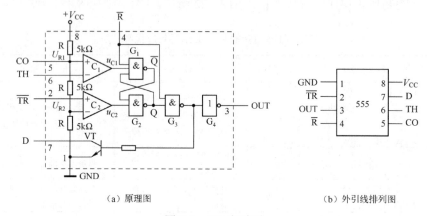

(a) 原理图   (b) 外引线排列图

图 7.4 555 定时器

1. 电阻分压器

由 3 个 5kΩ 的电阻 R 组成,为电压比较器 C_1 和 C_2 提供基准电压。

2. 电压比较器

由集成运放 C_1 和 C_2 组成电压比较器,当控制电压输入端 CO 悬空时(不用时可将它与地之间接一个 0.01μF 的电容,以防止干扰电压引入),C_1 和 C_2 的基准电压分别为 $\frac{2}{3}V_{CC}$ 和 $\frac{1}{3}V_{CC}$。C_1 的反相输入端 TH 称为 555 定时器的高触发端,C_2 的同相输入端 $\overline{TR}$ 称为 555 定时器的低端触发端。

3. 基本 RS 触发器

由两个与非门 G_1 和 G2 构成,比较器 C_1 的输出作为置 0 输入端,若 C_1 输出为 0,则 Q=0;比较器 C_2 的输出作为置 1 输入端,若 C_2 输出为 0,则 Q=1。$\overline{R}$ 是定时器的复位输入端,只要 $\overline{R}$ =0,定时器的输出端 OUT 则为 0。正常工作时,必须使 $\overline{R}$ 处于高电平。

4. 放电管 VT

放电管 VT 是集电极开路的三极管。相当于一个受控电子开关。输出端 OUT 为 0 时，放电管 VT 导通；输出端 OUT 为 1 时，放电管 VT 截止。

5. 缓冲器

由 G_3 和 G_4 构成，用于提高电路的带负载能力。

在 1 脚接地，5 脚未外接电压，两个比较器 C_1、C_2 基准电压分别为 $2/3V_{CC}$、$1/3V_{CC}$ 的情况下，555 定时器的功能表如表 7.3 所示。

表 7.3　555 定时器的功能表

清零端 $\overline{R}$	高触发端 TH	低触发端 $\overline{TR}$	输出端 OUT	放电管 VT	功能
0	×	×	0	导通	直接清零
1	$>\dfrac{2}{3}V_{CC}$	$>\dfrac{1}{3}V_{CC}$	0	导通	置 0
1	$<\dfrac{2}{3}V_{CC}$	$<\dfrac{1}{3}V_{CC}$	1	截止	置 1
1	$<\dfrac{2}{3}V_{CC}$	$>\dfrac{1}{3}V_{CC}$	不变	不变	保持

小问答

555 定时电路 $\overline{R}$ 端的作用是什么？

7.2.2　555 定时器构成多谐振荡器

555 定时器是一种用途很广的集成电路，只要改变 555 集成电路的外部附加电路，就可以构成各种各样的应用电路。这里仅介绍多谐振荡器、单稳态触发器和施密特触发器三种典型应用电路。

1. 电路组成

多谐振荡器是一种典型的矩形脉冲产生电路，它是一种自激振荡器，在接通电源以后，不需要外加触发信号，便能自动地产生矩形脉冲信号。由于矩形波中含有丰富的高次谐波分量，所以习惯上又把矩形波振荡器叫做多谐振荡器。

用 555 定时器构成多谐振荡器的电路和工作波形如图 7.5 所示。

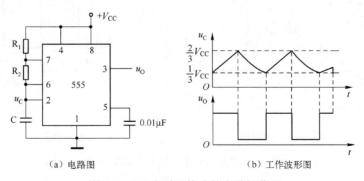

(a) 电路图　　　(b) 工作波形图

图 7.5　555 定时器构成的多谐振荡器

2. 工作原理

接通电源后,假定 u_O 是高电平(即 555 定时器的输出端 OUT 为 1),由 555 定时器的功能表分析可知,555 定时器内部的放电管 VT 截止,则电容 C 充电,充电回路为 $V_{CC} \to R_1 \to R_2 \to C \to$ 地,u_C 按指数规律上升。当 u_C 上升到 $\frac{2}{3}V_{CC}$ 时(即 TH、$\overline{TR}$ 端电平大于 $\frac{2}{3}V_{CC}$),由 555 定时器的功能表分析可知,输出端 OUT 为 0,即 u_O 翻转为低电平,同时放电管 VT 导通,电容 C 放电,放电回路为 $C \to R_2 \to VT \to$ 地,u_C 按指数规律下降。当 u_C 下降到 $\frac{1}{3}V_{CC}$ 时(即 TH、$\overline{TR}$ 端电平小于 $\frac{1}{3}V_{CC}$),输出端 OUT 为 1,即 u_O 翻转为高电平,同时放电管 VT 又截止,电容再次充电,如此周而复始,产生振荡,经分析可得如下结果。

输出高电平时间(充电时间):$t_{PH} = 0.7(R_1 + R_2)C$

输出低电平时间(放电时间):$t_{PL} = 0.7R_2C$

振荡周期:$T = t_{PH} + t_{PL} = 0.7(R_1 + 2R_2)C$

输出方波的占空比:$D = \dfrac{t_{PH}}{T} = \dfrac{R_1 + R_2}{R_1 + 2R_2}$

3. 多谐振荡器的应用

如图 7.6 所示为模拟救护车变音警笛声的电路原理图。图中 IC_1、IC_2 都接成自激多谐振荡的工作方式。其中,IC_1 输出的方波信号通过 R_5 去控制 IC_2 的 5 脚电平。当 IC_1 输出高电平时,由 IC_2 组成的多谐振荡器电路输出频率较低的一种音频;当 IC_1 输出低电平时,由 IC_2 组成的多谐振荡器电路输出频率较高的另一种音频。因此 IC_2 的振荡频率被 IC_1 的输出电压调制为两种音频频率,使喇叭发出"嘀、嘟、嘀、嘟、……"的与救护车鸣笛声相似的变音警笛声,其波形见图 7.6(b)。改变 R_2、C_1 的参数,可改变滴、嘟声的间隔时间;改变 R_4、C_3 的参数,可改变滴、嘟声的音调。

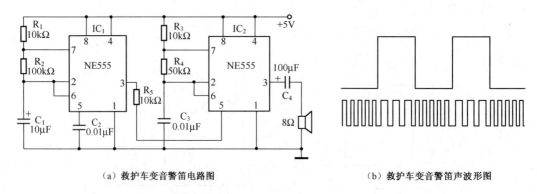

(a) 救护车变音警笛电路图 (b) 救护车变音警笛声波形图

图 7.6 救护车变音警笛电路及波形图

如图 7.7 所示为简易催眠器的电路原理图，图中 555 构成一个极低频振荡器，输出一个个短的脉冲，使扬声器发出类似雨滴的声音。扬声器采用 2 英寸、8 欧姆小型动圈式。雨滴声的速度可以通过 100K 电位器来调节到合适的程度。如果在电源端增加一简单的定时开关，则可以在使用者进入梦乡后及时切断电源。

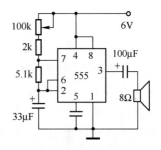

图 7.7 简易催眠器

 思考

试用两片 555 定时器设计一个间歇单音发生电路，要求发出单音频率约为 1kHz，发音时间约为 0.5s，间歇时间约为 0.5s。

 小知识

矩形脉冲的产生电路

多谐振荡器是一种典型的矩形脉冲产生电路，除了可以用 555 定时器构成多谐振荡器外，还可以由门电路和 R、C 元件组成。根据电路结构和性能特点的不同，又可分为对称式多谐振荡器、非对称式多谐振荡器、石英晶体多谐振荡器和环形振荡器。

1．对称式多谐振荡器

图 7.8 所示电路是一个对称式多谐振荡器的典型电路，它由两个 TTL 反相器 G_1 和 G_2 经过电容 C_1、C_2 交叉耦合所组成。其中，$C_1=C_2=C$，$R_1=R_2=R_F$，为了使静态时反相器工作在转折区，具有较强的放大能力，应满足 $R_{OFF}<R_F<R_{ON}$。

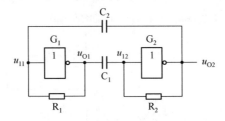

图 7.8 对称式多谐振荡器

其工作原理如下：

假设接通电源后，由于某种原因使 u_{I1} 有微小的正跳变，则必然会引起如下正反馈过程：

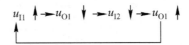

使 u_{O1} 迅速跳变为低电平、u_{O2} 迅速跳变为高电平，电路进入第一暂稳态。此后，u_{O2} 的高电平对电容 C_1 充电使 u_{I2} 升高，电容 C_2 放电使 u_{I1} 降低。由于充电时间常数小于放电时间常数，所以充电速度较快，u_{I2} 首先上升到 G_2 的阈值电压 U_{TH}，并又引起了如下的正反馈过程：

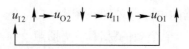

使 u_{O2} 迅速跳变为低电平、u_{O1} 迅速跳变为高电平，电路进入第二暂稳态。此后，电容 C_1 放电，电容 C_2 充电使 u_{I1} 上升，又引起第一次正反馈过程，从而使电路回到了第一暂稳态。这样，周而复始，电路不停地在两个暂稳态之间振荡，输出端产生了周期性矩形脉冲波形。电路工作波形如图 7.9 所示。

从上面的分析可以看出，输出脉冲的周期等于两个暂稳态持续时间之和，而每个暂稳态持续时间的长度又由 C_1 和 C_2 的充电速度所决定。若 U_{OH}=3.4V、U_{TH}=1.4V、U_{OL}=0V，且 R_F 的阻值比门电路的输入电阻小很多，输出脉冲信号的周期为：

$$T=1.4R_FC$$

2．环形多谐振荡器

图 7.9 多谐振荡器的工作波形

环形多谐振荡器简称环形振荡器，利用闭合回路中的延时负反馈产生的自激振荡，电路是由奇数个反向器门电路首尾相接而成，如图 7.10 所示（a）为三个最简单非门构成的环形振荡器（即方波发生器）。

电路没有稳定状态，静态下每个反向器的输入输出都不能保持在高电平或低电平，只能在高低电平之间，每个反向器工作在放大状态。

当输入信号从高电平跳到低电平时，输出从低电平跳到高电平，输入变化引起输出变化需要一定的延迟时间，这个延迟时间 就是门电路的平均传输时间 t_{pd}，可画出 u_1、u_2、u_o 的波形如图 7.10 所示（b）。三级非门构成的环形振荡器的振荡周期 T 为：$T=2\times3\times t_{pd}$ N 级非门构成的环形振荡器的振荡周期 T 为：$T=2\times N\times t_{pd}$

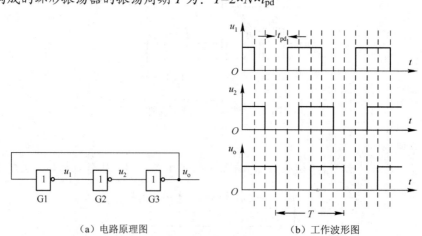

（a）电路原理图　　　　　　（b）工作波形图

图 7.10　环形多谐振荡器

为了克服环形振荡器的频率过高不好控制的缺点，增加 RC 延迟电路，带 RC 延迟电路的环形振荡器如图 7.11 所示。

3. 石英晶体多谐振荡器

对称的多谐振荡器、环形振荡器 不仅受 R 和 C 的影响，还容易受电源、门电路的阈值电压和环境温度的影响，频率稳定形较差，要得到频率稳定的信号多采用石英晶体多谐振荡器，电路如图 7.12 所示。

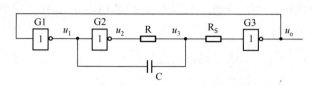 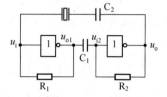

图 7.11 串入 RC 环节的环形振荡器电路图　　　图 7.12 石英晶体多谐振荡器

与非门和石英晶体构成的多谐器，石英晶体具有极其稳定的串联谐振频率 f_s，当外信号的频率等于石英晶体固有频率时，等效阻抗很小，信号很容易通过耦合电容 C_1 和 C_2，两级反向器，形成正反馈。振荡器的振荡频率就是串联谐振频率 f_s，与电路的 R 和 C 无关，频率的稳定度（$\Delta f_0/f_0$）高达 10^{-7} 以上。

7.2.3 555 定时器构成单稳态触发器

单稳态触发器的工作特性具有如下的显著特点：
（1）它有稳态和暂稳态两个不同的工作状态。
（2）在外界触发脉冲作用下，能从稳态翻转到暂稳态，暂稳态维持一段时间后，自动返回稳态。
（3）暂稳态维持时间的长短取决于电路本身的参数，与触发脉冲的宽度和幅度无关。

由于具备这些特点，单稳态触发器被广泛应用于脉冲整形、延时（产生滞后于触发脉冲的输出脉冲）以及定时（产生固定时间宽度的脉冲信号）等。

1. 电路组成

将低触发端 $\overline{TR}$ 作为输入端 u_1，再将高触发端 TH 和放电管输出端 D 接在一起，并与定时元件 R、C 连接，就可以构成一个单稳态触发器。用 555 定时器构成的单稳态触发电路和工作波形如图 7.13 所示。

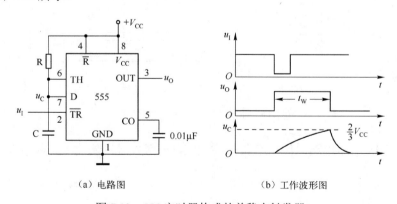

图 7.13 555 定时器构成的单稳态触发器

2. 工作原理

（1）未加负脉冲时，$u_I > \frac{1}{3}V_{CC}$，接通电源后，电源通过电阻 R 对电容 C 充电，u_C 按指数规律上升，当 $u_C > \frac{2}{3}V_{CC}$ 时，由 555 定时器的功能表分析可知，输出端 OUT 为"0"，即单稳态触发电路输出 u_O 为低电平，同时放电管 VT 导通，电容 C 快速放电，使 $u_C=0$，电路保持稳态。

（2）当负脉冲的下降沿到来时，$u_I < \frac{1}{3}V_{CC}$，555 定时器的输出端 OUT 为"1"，即单稳态触发电路输出 u_O 由低电平翻转到高电平，同时放电管 VT 截止，电容 C 充电，u_C 按指数规律上升，电路进入暂稳态。之后虽然负脉冲消失，$u_I > \frac{1}{3}V_{CC}$，但 u_C 仍未上升到 $\frac{2}{3}V_{CC}$，故暂稳态暂时维持一段时间。

（3）暂稳态自动返回稳态：当 u_C 上升到 $\frac{2}{3}V_{CC}$ 时（此时 TH 端电平大于 $\frac{2}{3}V_{CC}$，$\overline{TR}$ 端电平大于 $\frac{1}{3}V_{CC}$），555 定时器的输出端 OUT 为"0"，即单稳态触发电路输出 u_O 为低电平，电路自动恢复到稳态。

暂稳态持续的时间主要由外接元件 R 和 C 决定，如图 7.13（b）所示的工作波形中，u_C 从 0 上升到 $\frac{2}{3}V_{CC}$ 的时间就是输出正脉冲宽度 t_W，$t_W = 1.1RC$。

3. 单稳态触发器的应用

（1）脉冲延时。如果需要延迟脉冲的触发时间，可利用如图 7.14（a）所示的单稳态电路来实现。又从波形图 7.14（b）可以看出，经过单稳态电路的延迟，由于 u_O 的下降沿比输入信号 u_I 的下降沿延迟了 t_W 的时间，因而可以用输出脉冲 u_O 的下降沿去触发其他电路，从而达到脉冲延时的目的。

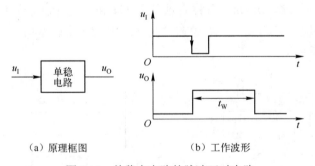

(a) 原理框图　　　　(b) 工作波形

图 7.14　单稳态电路的脉冲延时电路

注意：图 7.14 所示电路只能用窄负脉冲触发，即触发脉冲宽度 t_i 必须小于 t_W。

 小问答

怎样改变输出脉冲的宽度（即延迟时间）呢？

（2）脉冲定时。单稳态触发器能够产生一定宽度 t_W 的矩形脉冲，利用这个脉冲去控制某个电路，则可使其仅在 t_W 时间内工作。例如，利用宽度为 t_W 的正矩形脉冲作为与门的一个输入信号，使得矩形脉冲为高电平的 t_W 期间，与门的另一个输入信号 u_I 才能通过。脉冲定时的原理框图及工作波形如图 7.15 所示。

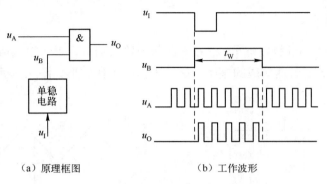

(a) 原理框图　　　　(b) 工作波形

图 7.15　单稳态电路的脉冲定时电路

（3）555 触摸定时开关。如图 7.16 是 555 触摸定时开关的电路原理图，集成电路 IC_1 是一片 555 定时电路，在这里接成单稳态电路。平时由于触摸片 P 端无感应电压，电容 C_1 通过 555 第 7 脚放电完毕，第 3 脚输出为低电平，继电器 K_S 释放，电灯不亮。

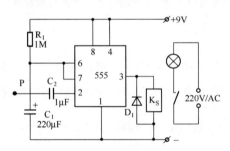

图 7.16　555 触摸定时开关

当需要开灯时，用手触碰一下金属片 P，人体感应的杂波信号电压由 C_2 加至 555 的触发端，使 555 的输出由低变成高电平，继电器 K_S 吸合，电灯点亮。同时，555 第 7 脚内部截止，电源便通过 R_1 给 C_1 充电，这就是定时的开始。

当电容 C_1 上电压上升至电源电压的 2/3 时，555 第 7 脚道通使 C_1 放电，使第 3 脚输出由高电平变回到低电平，继电器释放，电灯熄灭，定时结束。

定时长短由 R_1、C_1 决定：$T_1=1.1R_1 \times C_1$。按图中所标数值，定时时间约为 4 分钟。D_1 可选用 1N4148 或 1N4001。

7.2.4　555 定时器构成施密特触发器

施密特触发器是脉冲波形变换中经常使用的一种电路，它在性能上有两个重要的持点：

（1）输入信号从低电平上升的过程中电路状态转换对应的输入电平，与输入信号从高电平下降过程中电路状态转换对应的输入电平不同。

（2）在电路状态转换时，通过电路内部的正反馈过程使输出电压波形的边沿变得十分陡峭。

利用这两个特点不仅能将边沿变化缓慢的信号波形整形为边沿陡峭的矩形波，而且可以将叠加在矩形脉冲高、低电平上的噪声有效地加以清除。

1. 电路组成

将高触发端 TH 和低触发端 $\overline{TR}$ 连在一起作为输入端 u_I，就可以构成一个反相输出的施密特触发器。用 555 定时器构成的施密特触发电路和工作波形如图 7.17 所示。

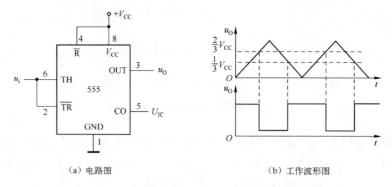

(a) 电路图　　　　　　　　　　(b) 工作波形图

图 7.17　555 定时器构成的施密特触发器

2. 工作原理

现设输入信号 u_I 为图 7.17（b）所示的三角波，结合 555 定时器的功能表 7.1 可知，当 $u_I < \frac{1}{3}V_{CC}$ 时，两个比较器的输出为 $u_{C1}=1$、$u_{C2}=0$，因而基本 RS 触发器状态为 Q=1，输出 $u_O = 1$；当 $\frac{1}{3}V_{CC} < u_I < \frac{2}{3}V_{CC}$ 时，两个比较器的输出为 $u_{C1}=u_{C2}=1$，基本 RS 触发器保持状态不变，故输出 u_O 也保持不变；当 $u_I \geq \frac{2}{3}V_{CC}$ 时，两个比较器的输出为 $u_{C1}=0$、$u_{C2}=1$，因而基本 RS 触发器状态为 Q=0，输出 $u_O = 0$。

当 $\frac{1}{3}U_{CC} < u_I < \frac{2}{3}V_{CC}$ 时，两比较器的输出为 $u_{C1}=u_{C2}=1$，基本 RS 触发器保持状态不变，仍为 Q=0，输出 $u_O = 0$；当 $u_I \leq \frac{1}{3}V_{CC}$ 时，两比较器的输出为 $u_{C1}=1$、$u_{C2}=0$，基本 RS 触发器状态被置为 Q=1，输出 $u_O =1$；电路的工作波形如图 7.12（b）所示。

根据以上分析可知，555 定时器构成的施密特触发器的上限触发阈值电压 $U_{T+} = \frac{2}{3}V_{CC}$，下限触发阈值电压 $U_{T-} = \frac{1}{3}V_{CC}$，回差电压 $\Delta U = \frac{1}{3}V_{CC}$。如果在 CO 端加上控制电压 U_{IC}，则可以改变电路的 U_{T+} 和 U_{T-} 和 ΔU。

3. 应用举例

施密特触发器可用于波形变换、脉冲整形和脉冲鉴幅。

（1）用于波形变换。利用施密特触发反相器可以把幅度变化的周期性信号变换为边沿很陡的矩形脉冲信号。如图 7.18 为一正弦信号转换为矩形脉冲信号的电路输入、输出电压波形图。只要输入信号的幅度大于 U_{T+}，就可在施密特触发器的输出端得到同频率的矩形脉冲信号。

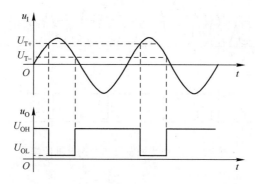

图 7.18　施密特触发反相器的波形变换

（2）用于脉冲整形。在数字系统中，矩形脉冲经传输后往往发生波形畸变，图 7.19 中给出了几种常见的情况。当传输线上电容较大时，波形的上升沿和下降沿将明显变坏，如图 7.19（a）所示；当传输线较长，而且接收端的阻抗与传输线的阻抗不匹配时，在波形的上升沿和下降沿将产生振荡现象，如图 7.19（b）所示；当其他脉冲信号通过导线间的分布电容或公共电源线叠加到矩形脉冲信号上时，信号上将出现附加的噪声，如图 7.19（c）所示。无论出现上述哪种情况，都可以使用施密特触发反相器整形而获得比较理想的矩形脉冲波形。由图 7.19 可见，只要施密特触发反相器的 U_{T+} 和 U_{T-} 设置得合适，均能达到满意的整形效果。

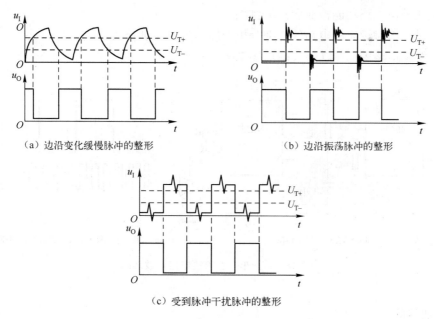

图 7.19　施密特触发反相器的脉冲整形

（3）脉冲鉴幅。由图 7.20 可见，若将一系列幅度各异的脉冲信号加到施密特触发器的输入端时,只有那些幅度大于 U_{T+} 的脉冲才会在输出端产生输出信号。因此,施密特触发器能将幅度大于 U_{T+} 的脉冲选出,具有脉冲鉴幅的功能。

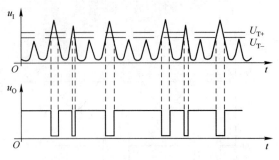

图 7.20 施密特触发反相器的脉冲鉴幅

7.3 【任务训练】 救护车(消防车)变音警笛电路的制作

工作任务单

(1)小组制订工作计划。
(2)识别警笛电路原理图,明确元器件连接和电路连线。
(3)设计、制作 PCB 图(元器件装配图)。
(4)完成电路所需元器件的购买与检测。
(5)根据 PCB 图(元器件装配图)制作警笛电路。
(6)完成警笛电路功能检测和故障排除。
(7)通过小组讨论完成电路的详细分析及编写项目实训报告。

救护车警笛电路图如图 7.21(即前图 7.6)所示。

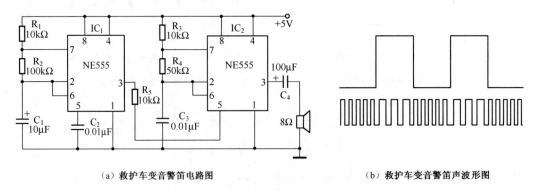

(a)救护车变音警笛电路图   (b)救护车变音警笛声波形图

图 7.21 救护车变音警笛电路及波形图

1. 实训目的

(1)熟悉用 555 时基电路构成的多谐振荡器电路。
(2)熟悉 555 时基电路控制端(第 5 腿)的功能和作用。

（3）了解用电压调制频率的两种方法。

2．实训设备与器件

实训设备：电子电路实验装置 1 台

实训器件：救护车警笛电路的元器件清单如表 7.4 所示。

表 7.4 救护车警笛电路的元器件清单

元器件名称	元件编号	型号、规格	数量
电阻	R_1、R_3	10kΩ	2
	R_2	100kΩ	1
	R_4	150kΩ	1
	R_5	4.7kΩ	1
	R_6	2.7kΩ	1
电容	C_2、C_3	0.01μF	2
电解电容	C_1、C_4	10μF	2
三极管	VT	2SC9012	1
IC 插座	IC_1、IC_2	8P	2
IC 芯片	IC_1、IC_2	NE555	2
单面敷铜板		55mm×60mm	1
扬声器		8Ω/0.25W	1

3．实训电路与说明

（1）救护车变音警笛电路。如图 7.21（a）所示为模拟救护车变音警笛电路的原理图，图中 IC_1、IC_2 都接成自激多谐振荡器的工作方式，其中，IC_1 输出的方波信号通过 R_5 去控制 IC_2 的 5 脚电平，当 IC_1 输出高电平时，由 IC_2 组成的多谐振荡器电路输出频率较低的一种音频；当 IC_1 输出低电平时，由 IC_2 组成的多谐振荡器电路输出频率较高的另一种音频。因此 IC_2 的振荡频率被 IC_1 的输出电压调制为两种音频频率，使扬声器发出"嘀、嘟、嘀、嘟……"的与救护车鸣笛声相似的变音警笛声，其波形见图 7.21（b）所示。改变 R_2、C_1 的值，可改变"滴、嘟"声的间隔时间；改变 R_4、C_3 的值，可改变"滴、嘟"声的音调。

（2）消防车变音警笛电路。如图 7.22 所示为模拟消防车的变音警笛电路图，它与救护车变音警笛声电路的唯一区别是 IC_2 第 5 脚的控制电平不是取自 IC_1 的输出端第 3 脚，而是

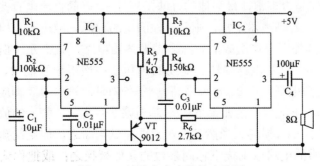

图 7.22 消防车变音警笛电路图

经过由晶体管 VT 接成射极跟随器接在 IC_1 的 2、6 脚上，即 IC_2 5 脚的控制电平不是"突变"的方波，而是"渐变"的锯齿波，所以 IC_2 输出一个频率"渐变"的扫频矩形波，使扬声器发出"逐渐"变调的与消防车警笛声相似的鸣笛效果。改变 R_2、C_1 的值，可改变警笛声的"渐变"时间；改变 R_4、C_3 的值，可改变"渐变"警笛声的声调，按图示的阻容参数，警笛声的"渐变"时间周期为 1 秒左右。

4．实训电路的安装与调试

（1）安装。

① 参考图 7.23 设计、制作 PCB 图（元器件装配图）。

② 按照 PCB 图（元件装配图）上元器件的排布，先焊接两块 555 时基电路的 IC 插座，再安装其他元器件。一般安装顺序是：IC 插座（或多脚元器件）→小体积元器件→大体积元器件→电路板外元器件或连线。

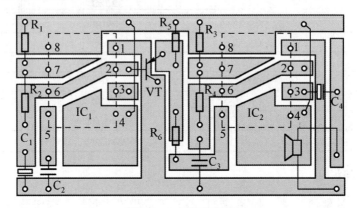

图 7.23　电路装配图

（2）调试。

① 接通电源时，最好是把电源负极先接好，然后在电源正极和电路板正电源接点之间串入一个几百毫安至几安的直流电流表，先瞬时点通一下电源，如果电路仍存在我们未查出的短路故障，电流表会瞬时显示很大的电流，此时应进一步仔细检查并消除短路故障。只有电路总电流小于近百毫安（一般是 10～50 mA）才算正常。

② 如果电路正常，一般会听到扬声器发出变音警笛声，若警笛声不逼真，可进行后述第（6）步的调试；若扬声器无声，先进行下一步的调试。

③ 先确定扬声器是否正常，最简捷的办法是用 1～2V 的直流电直接瞬时点通喇叭，正常的扬声器应有响声，若扬声器正常，则是其他的电路问题，应进一步检查。

④ 检查 IC_2 及其外围电路组成的自激多谐振荡器电路，某个元件损坏都可能导致扬声器无声，常见的是 555 时基电路损坏。简易的判断是：当用导线把 2、6 脚接低电平(地)时，输出端 3 脚应为高电平；把 2、6 脚接高电平(+5V)时，输出端 3 脚应为低电平，这说明 555 时基电路功能基本正常。但是如果 555 时基电路芯片内（7 脚）的放电管损坏，电路也不能振荡。再就是 C_4 或 C_3 损坏。当然可以对元件测试判断之，但更简捷的办法是采用"替换法"，即从工作正常的电路板上拔下相同参数的元件替换之；或把你认为有问题的元件插到工作正常的电路板上试之。排查故障直到扬声器有声响。

⑤ 若扬声器声响是单一频率的音频（不变调），这是由于 IC_1 及其外围电路组成的自激多谐振荡器电路的信号未能送到 IC_2 的控制端（5 脚）所至。IC_1 电路不能振荡的检查方法与 IC_2 电路不能振荡的检查方法相同，当然不能忽略级间耦合的元器件（R_5、R_6、VT）故障。简捷的办法仍是采用"替换法"。排查故障直到扬声器有变调的声响。

⑥ 当扬声器有变调的警笛声声响但是不逼真，就要进行以下的调试：改变 R_2、C_1 的值，可改变警笛声的"渐变"时间；改变 R_4、C_3 的值，可改变"渐变"警笛声的声调，调试到变音警笛声逼真为止。

5．完成电路的详细分析及编写项目实训报告

6．实训考核

表 7.5　救护车警笛电路的制作工作过程考核表

项目	内　容	配分	考核要求	扣分标准	得分
工作态度	1. 工作的积极性； 2. 安全操作规程的遵守情况 3. 纪律遵守情况	30 分	积极参加工作，遵守安全操作规程和劳动纪律，有良好的职业道德和敬业精神	违反安全操作规程扣 20 分，不遵守劳动纪律扣 10 分	
元器件的识别	用万用表检测元器件的质量	10 分	能正确识别和检测所使用的元器件	检测不正确每处扣 2 分	
电路安装	1.安装图的绘制 2.按照电路图接好电路	40 分	电路安装正确且符合工艺规范	电路安装不规范，每处扣 2 分，电路接错扣 5 分	
电路的调试	按提示步骤，对电路进行调试	20 分	正确使用仪器、仪表，能查找并排除电路的故障	操作错误扣 10 分	
合计		100 分			

注：各项配分扣完为止。

本　章　小　结

1．555 定时器是一种多用途的集成电路，只需要接少量的 R、C 元件就可以构成多谐振荡器、单稳态触发器和施密特触发器等。此外，它还可组成其他各种实用电路。

2．多谐振荡器不需要外加输入信号，只要接通电源就能自行产生矩形脉冲信号，其振荡周期为 $T = t_{PH} + t_{PL} = 0.7(R_1 + 2R_2)C$。

3．单稳态触发器可将输入的触发脉冲变换为宽度和幅度都符合要求的矩形脉冲，还常用于脉冲的定时、整形等。输出正脉冲宽度为 $t_W = 1.1RC$。

4．施密特触发器可将任意波形变换成上升沿和下降沿都很陡峭的矩形脉冲，常用来进行幅值鉴别、脉冲整形等。

习　题　7

一、填空题

7.1　555 定时器的最后数码为 555 的是_____产品，为 7555 的是_____产品。

7.2　常见的脉冲产生电路有_____，常见的脉冲整形电路有_____、_____。

7.3　施密特触发器具有_____现象，又称_____特性；单稳触发器最重要的参数为_____。

 7.4 为了实现高的频率稳定度，常采用_____振荡器；单稳态触发器受到外触发时进入____态。

二、选择题

 7.5 用 555 定时器组成施密特触发器，当输入控制端 CO 外接 10V 电压时，回差电压为（ ）。

   A．3.33V   B．5V   C．6.66V   D．10V

 7.6 555 定时器属于（ ）。

   A．时序逻辑电路   B．组合逻辑电路   C．模拟电子电路

 7.7 多谐振荡器可产生（ ）。

   A．正弦波   B．矩形脉冲   C．三角波   D．锯齿波

 7.8 脉冲整形电路有（ ）。

   A．多谐振荡器   B．单稳态触发器

   C．施密特触发器   D．555 定时器

 7.9 石英晶体多谐振荡器的突出优点是（ ）。

   A．速度高   B．电路简单

   C．振荡频率稳定   D．输出波形边沿陡峭

 7.10 TTL 单定时器型号的最后几位数字为（ ）。

   A．555   B．556   C．7555   D．7556

 7.11 555 定时器可以组成（ ）。

   A．多谐振荡器   B．单稳态触发器

   C．施密特触发器   D．JK 触发器

 7.12 以下各电路中，（ ）可以产生脉冲定时。

   A．多谐振荡器   B．单稳态触发器

   C．施密特触发器   D．石英晶体多谐振荡器

 7.13 555 定时电路 $\overline{R_D}$ 端不用时，应当（ ）。

   A．接高电平   B．接低电平

   C．通过 0.01μF 的电容接地   D．通过小于 500Ω 的电阻接地

 7.14 为把 50Hz 的正弦波变成周期性矩形波，应当选用（ ）。

   A．施密特触发器   B．单稳态电路

   C．多谐振荡器   D．译码器

 7.15 单稳态触发器可用来（ ）。

   A．产生矩形波   B．产生延迟作用

   C．存储器信号   D．把缓慢信号变成矩形波

三、判断题（正确的打√，错误的打×）

 7.16 在应用中，555 定时器的 4 号引脚都是直接接地的。（ ）

 7.17 施密特触发器可用于将三角波变换成正弦波。（ ）

 7.18 多谐振荡器的输出信号的周期与阻容元件的参数成正比。（ ）

 7.19 单稳态触发器的暂稳态时间与输入触发脉冲宽度成正比。（ ）

 7.20 施密特触发器有两个稳态。（ ）

7.21 施密特触发器的正向阈值电压一定大于负向阈值电压。（　　）

四、计算题

7.22 如图 7.24 所示的电路是一个用两个 555 定时器构成的间歇振荡器，能驱动喇叭发出"嘟"、"嘟"、"嘟"的声音。已知 $R_{A1}=R_{B1}=43\text{k}\Omega$，$R_{A2}=R_{B2}=50\text{k}\Omega$，$C_A=10\mu\text{F}$，$C_B=0.01\mu\text{F}$。（1）试计算喇叭多长时间"嘟"一次？（2）试计算喇叭发出的音频频率为多少？

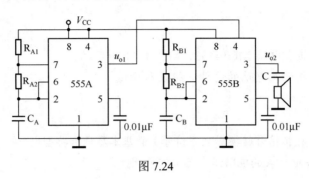

图 7.24

项目 8 数字电压表的设计与制作

能力目标

（1）会正确使用集成电路 MC14433、MC14511 等产品。
（2）能完成数字电压表电路的设计、组装和调试。

知识目标

了解 A/D 转换（模拟信号转换成数字信号）的基本原理和典型电路；掌握集成 A/D 转换器及其应用；掌握数字电压表的电路组成与工作原理。

8.1 【工作任务】 数字电压表的设计与制作

工作任务单

（1）小组制订工作计划。
（2）完成数字电压表的的逻辑电路设计。
（3）画出布线图。
（4）完成数字电压表的电路所需元件的购买与检测。
（5）根据布线图制作数字电压表。
（6）完成数字电压表电路的功能检测和故障排除。
（7）通过小组讨论完成电路的详细分析及编写项目实训报告。

由 MC14433 构成的 $3\frac{1}{2}$ 数字电压表实物外形和电路如图 8.1、图 8.2 所示。

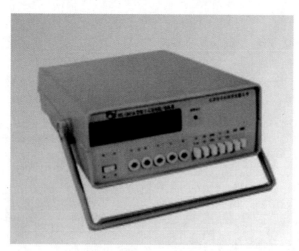

图 8.1 $3\frac{1}{2}$ 数字电压表实物外形图

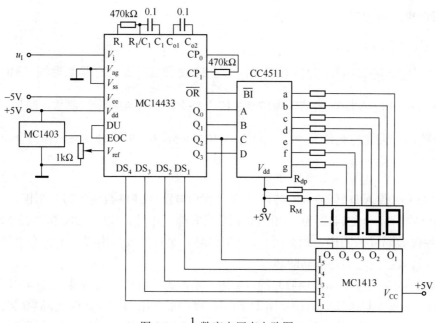

图 8.2 $3\frac{1}{2}$ 数字电压表电路图

1. 实训目标

（1）掌握模/数（A/D）转换的基本原理与工作过程。

（2）熟悉集成电路 MC14433、MC14511 的使用方法，并掌握其工作原理。

（3）掌握数字电压表电路的设计、组装和调试技能。

2. 实训设备与器件

实训设备：数字电路实验装置 1 台、万用表、±5V 直流电源、双踪示波器、直流数字电压表等。

实训器件：元件名称、规格型号和数量明细表见表 8.1。

表 8.1 元件名称、规格型号和数量明细表

符 号	规 格	名 称	数 量
IC	MC14433	A/D 转换器	1
IC	CC4511	显示译码器	1
IC	MC1413	反向驱动器	1
IC	TBC5011H	数码管	4
IC	MC1403	基准电压源	1
R_M、R_{dp}	270~390Ω	电阻	2
限流电阻	270~390Ω	电阻	7
外接电阻	470kΩ	电阻	2
外接电阻	1kΩ	电阻	1
外接电位器	10kΩ	电位器	1
外接电容	0.1μF	电容	2

3．实训电路与说明

实训电路如图 8.1 所示。

图 8.1 是以 MC14433 为核心组成的 $3\frac{1}{2}$ 位数字电压表的电路原理图。MC14433 是 $3\frac{1}{2}$ CMOS 双积分型 A/D 转换器。所谓 $3\frac{1}{2}$ 位，是指输出的 4 位十进制数，其最高位仅有 0 和 1 两种状态，因此称此位为 $\frac{1}{2}$ 位，而低 3 位能表示 0～9 十种状态，称为全位，整个为 $3\frac{1}{2}$ 位。

MC14433 用做 A/D 转换；CC4511 为译码驱动电路（LED 数码管为共阴极）；MC1403 为基准电压源电路；MC1413 为 7 组达林顿管反相驱动电路。DS_1～DS_4 信号经 MC1413 缓冲后驱动各位数码管的阴极。由此可见，MC14433 是将输入的模拟电压转换为数字电压的核心芯片，其余都是它的外围辅助芯片。

MC1403 的输出接至 MC14433 的 V_{ref} 输入端，为后者提供高精度、高稳定度的参考电源；CC4511 接收 MC14433 输出的 BCD 码，经译码后送给 4 个 LED 七段数码管。4 个数码管 a～g 分别并联在一起；MC1413 的 4 个输出端 O_1～O_4 分别接至 4 个数码管的阴极，为数码管提供导电通路，它接收 MC14433 的选通脉冲 DS_1～DS_4，使 O_4～O_1 轮流为低电平，从而控制 4 个数码管轮流工作，实现所谓的扫描显示。

电压极性符号"—"由 MC14433 的 Q_2 端控制。当输入负电压时，$Q_2=0$，"—"通过 R_M 点亮；当输入正电压时，$Q_2=1$，"—"熄灭。小数点由电阻 R_{dp} 供电点亮。当电源电压为 5V 时，R_M、R_{dp} 和 7 个限流电阻的阻值约为 270～390Ω。

当参考电压 V_{ref} 取 2V 和 200mV 时，输入被测模拟电压的范围分别为 0～1.999V 和 0～199.9 mV。由于 MC14433 量程电压输入端的最大输入电压不能超过 1.999V，若被测输入电压范围超过 1.999V，如在 0～20V 范围，被测输入的电压需要经过分压才能输入，被测电压输入端 u_1 前必须用 1800kΩ和 200kΩ的电阻分压，4.7kΩ和 47kΩ的电阻限流，使输入的电压大约为原来电压的十分之一，使之与 2V 的参考电压匹配。

4．实训电路的安装与调试

（1）安装。按正确方法插好 IC 芯片，参照图 8.2 所示连接线路。电路可以连接在自制的 PCB（印刷电路板）上，也可以焊接在万能板上，或通过"面包板"插接。

（2）调试。调试步骤如下：

① 插上 MC1403 基准电源，用标准数字电压表检查输出是否为 2.5V，然后调整 10kΩ 电位器，使其输出电压为 2.00V。

② 将输入端接地，接通+5V，–5V 电源（先接好地线），此时显示器将显示"000"值，如果不是，应检测电源正负电压。用示波器测量、观察 DS_1～DS_4，Q_0～Q_3 波形，判别故障所在。

③ 用电阻、电位器构成一个简单的输入电压 u_1 调节电路，调节电位器，3 位数码将相应变化，然后进入下一步精调。

④ 用标准数字电压表（或用数字万用表代）测量输入电压，调节电位器，使 u_1 =1.000V，

这时被调电路的电压指示值不一定显示"1.000",应调整基准电压源,使指示值与标准电压表误差个位数在 5 之内。

⑤ 改变输入电压 u_I 极性,使 u_I =–1.000V,检查"–"是否显示,并按④方法校准显示值。

⑥ 在–1.999~+1.999V 量程内再一次仔细调整(调基准电源电压)使全部量程内的误差均不超过个位数在 5 之内。

至此一个测量范围在±1.999 的三位半数字直流电压表调试成功。

5. 完成电路的详细分析及编写项目实训报告

整理相关资料和数据,完成电路的详细分析及编写项目实训报告。

6. 实训考核

$3\frac{1}{2}$ 数字电压表的设计与制作工作任务过程考核表如表 8.2 所示。

表 8.2 $3\frac{1}{2}$ 数字电压表的设计与制作工作任务过程考核表

项 目	内 容	配分	考核要求	扣分标准	得分
实训态度	1. 实训的积极性 2. 安全操作规程的遵守情况 3. 纪律遵守情况	20 分	积极参加实训,遵守安全操作规程和劳动纪律,有良好的职业道德和敬业精神	违反安全操作规程扣 20 分,其余不达要求酌情扣分	
元器件的识别与检测	1. 识别、清点所使用的元件 2.检测其好坏和确认其功能	10 分	能正确识别和检测所使用的元件;能查阅资料以确定引脚功能	检测不正确每处扣 2 分	
电路的制作	1. 安装图的绘制 2. 电路的安装	20 分	电路装接正确,且符合工艺要求	电路装接不规范,每处扣 1 分;电路接错扣 5 分	
电路的调试	按如上所述步骤,对电路进行调试	30 分	正确使用仪器、仪表,能查找并排除电路的故障,使电路正常工作	不能排除故障,每次扣 5 分	
电路故障的分析	按不同情况分析故障现象	20 分	能分析出电路故障产生的原因	分析不正确,每次扣 5 分	
合计		100 分			

思考

(1)图 8.2 中参考电压 V_{ref} 的最大取值是多少伏?为什么?

(2)若将该数字电压表的量程由 2V 扩程为 20V,该表的读数范围是多少?

8.2 【知识链接】 模/数转换器(A/D 转换器)

在过程控制和信息处理中遇到的大多是连续变化的物理量,如话音、温度、压力、流量等,它们的值都是随时间连续变化的。工程上要处理这些信号,首先要经过传感器,将这些物理量变成电压、电流等电信号模拟量,再经模/数转换器将模拟量变成数字量后才能送给计算机或数字控制电路进行处理。

8.2.1 A/D 转换器的基本原理

在 A/D 转换器中，输入的模拟量在时间和幅值上都是连续变化的，而输出的数字信号在时间和幅值上都是离散的。因此，将模拟量转换成数字量需分采样、保持、量化、编码 4 个步骤，即首先通过采样-保持电路对模拟信号进行采样、保持，然后再送入 A/D 转换电路中进行量化、编码，最终输出数字量。图 8.3 为 A/D 转换器的原理框图。

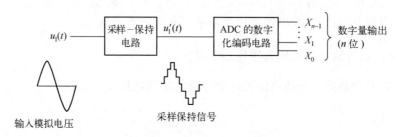

图 8.3 A/D 转换器原理框图

1. 采样和保持

所谓采样，就是在一个微小的时间内对模拟信号进行取样。由于输入模拟信号是连续变化的，而 A/D 转换总需要一定的时间，因此每一次采样结束后，要将此次采样的模拟信号保持到转换结束，以保证 A/D 转换器有足够的时间进行正常转换，这个过程就称为采样-保持。图 8.4 是常见的采样-保持电路和采样波形。当采样信号 u_S 为高电平，使 T 导通时为采样时间，输入模拟量 u_I 对电容 C 充电，这是采样过程；采样信号 u_S 为低电平，使 T 截止时，电容 C 上的电压保持不变，这是保持过程。

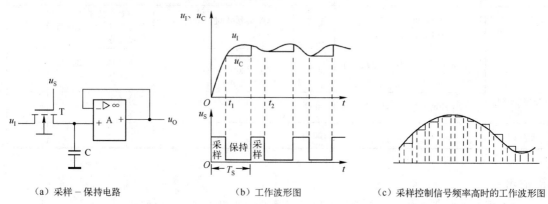

（a）采样－保持电路　　　　　（b）工作波形图　　　　　（c）采样控制信号频率高时的工作波形图

图 8.4 采样-保持电路和采样波形

2. 量化与编码

采样的模拟电压经过量化编码电路后转换成一组 n 位的二进制数输出。采样保持电路的输出，即量化编码的输入仍然是模拟量，它可取模拟输入范围内的任何值。如果输出的数字量是 3 位二进制数，则仅可取 000～111 八种可能值，因此用数字量表示模拟量时，需先将采样电平归化为与之接近的离散数字电平，这个过程称为量化。由零到最大值（U_{max}）的模拟输入范围被划分为 1/8，2/8，…，7/8 共 2^3-1 个值，称为量化阶梯。而相邻量化阶梯之间的中点值 1/16，3/16，…，13/16 称为比较电平。采样后的模拟值同比较电平相比较，并赋给相应的量化阶梯值。例如，采样值为(7/32) U_{max}，相比较后赋值为(2/8) U_{max}。

把量化的数值用二进制数来表示称为编码。编码有不同的方式。例如上述的量化值 (2/8) U_{max}，若将其用 3 位自然加权二进制码编码，则为 010。

 小问答

如上讨论中，若采样值为(5/32) U_{max}，相比较后赋值是多少？数字输出量是多少？

8.2.2 并行比较 A/D 转换电路

实现 A/D 转换的方法很多，常用的有：并行比较 A/D 转换、逐次逼近 A/D 转换、双积分 A/D 转换。逐次逼近型的工作速度比并行比较型较慢，属于中速 ADC，但由于电路简单，成本较低，因而被广泛使用。而双积分型 ADC 的优点是工作稳定、抗干扰能力强，其缺点是转换速度慢，主要用于数字电压表等低速测试的场合。下面具体介绍并行比较 A/D 转换的电路结构及工作原理。

图 8.5 所示是输出为 3 位并行 A/D 转换的原理电路。8 个电阻将参考电压分成 8 个等级。其中 7 个等级的电压分别作为 7 个比较器的比较电平。输入的模拟电压经采样保持后与这些比较电平进行比较。当模拟电压高于比较器的比较电平时，比较器输出为 1，当低于比较器的比较电平时，比较器输出为 0。比较器的输出状态由 D 触发器存储，并送给编码器，经过编码器编码得到数字输出量。表 8.3 为其转换真值表。

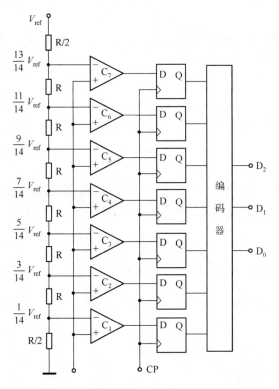

图 8.5 三位并行 A/D 转换原理电路图

表8.3 3位并行ADC转换真值表

输入模拟信号	比较器输出							数字输出		
	C_7	C_6	C_5	C_4	C_3	C_2	C_1	D_2	D_1	D_0
$0 < u_I < V_{ref}/14$	0	0	0	0	0	0	0	0	0	0
$V_{ref}/14 < u_I < 3V_{ref}/14$	0	0	0	0	0	0	1	0	0	1
$3V_{ref}/14 < u_I < 5V_{ref}/14$	0	0	0	0	0	1	1	0	1	0
$5V_{ref}/14 < u_I < 7V_{ref}/14$	0	0	0	0	1	1	1	0	1	1
$7V_{ref}/14 < u_I < 9V_{ref}/14$	0	0	0	1	1	1	1	1	0	0
$9V_{ref}/14 < u_I < 11V_{ref}/14$	0	0	1	1	1	1	1	1	0	1
$11V_{ref}/14 < u_I < 13V_{ref}/14$	0	1	1	1	1	1	1	1	1	0
$13V_{ref}/14 < u_I < V_{ref}$	1	1	1	1	1	1	1	1	1	1

小问答

若 V_{ref}=10V，输入模拟量 u_I=2.5V 时，数字输出量是多少？

对于 n 位输出二进制码，并行 ADC 就需要 2^n-1 个比较器。显然，随着位数的增加所需硬件将迅速增加，当 $n>4$ 时，并行 ADC 较复杂，一般很少采用。因此并行 ADC 适用于速度要求很高，而输出位数较少的场合。

8.2.3 A/D 转换器的主要技术指标

1．分辨率

分辨率以输出二进制代码的位数表示。位数越多，其量化误差越小，转换精确度越高，分辨率也就越高。

2．转换精度

转换精度是指转换后的数字量所代表的模拟输入值与实际模拟输入值之差。

3．转换速度

转换速度是指完成一次转换所需要的时间，即从接到转换控制信号到稳定输出数字量的时间。不同类型的 A/D 转换器的转换速度不同。并联比较型最快，逐次比较型次之，间接 A/D 转换器最慢。

8.2.4 三位半集成 ADC 芯片 MC14433

MC14433 是美国 Motorola 公司推出的单片 $3\frac{1}{2}$ CMOS 双积分型 A/D 转换器。所谓 $\frac{1}{2}$ 位是指输出的 4 位十进制数，其最高位仅有 0 和 1 两种状态，而低 3 位有 0～9 十种状态。MC14433 把线性放大器和数字逻辑电路同时集成在一个芯片上。它采用动态扫描输出方式，其输出是按位扫描的 BCD 码。使用时只需外接两个电阻和两个电容，即可组成具有自动调零和自动极性转换功能的 A/D 转换系统。

1．电路框图及引脚说明

MC14433 电路框图及引脚图分别如图 8.6 所示。

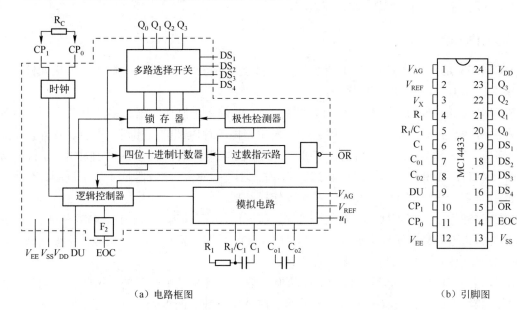

(a) 电路框图　　　　　　　　　　　　(b) 引脚图

图 8.6　MC14433 电路框图及引脚图

该电路包括多路选择开关、CMOS 模拟电路、逻辑控制电路、时钟和锁存器等。它采用 24 只引脚的双列直插封装。它与国产同类产品 5G14433 的功能、外形封装、引线排列以及参数性能均相同，可以替换使用。各引脚功能说明如下。

V_{AG}（1 脚）：模拟地，作为输入模拟电压和参考电压的参考点。

V_{ref}（2 脚）：参考电压输入端。当参考电压分别为 200 mV 和 2 V，电压量程分为 199.9 mV 和 1.999V。

V_X（3 脚）：被测电压输入端。

R_1（4 脚）、R_1/C_1（5 脚）、C_1（6 脚）：外接电阻、电容的接线端。

$C_1=0.1\mu F$，$R_1=470k\Omega$（2V 量程）；$R_1=27k\Omega$（200mV 量程）。

C_{01}（7 脚）、C_{02}（8 脚）：补偿电容 C_0 接线端。补偿电容用于存放失调电压，以便自动调零。典型值 0.1μF。

DU（9 脚）：实时显示控制输入端。若与 EOC（14 脚）端连接，则每次 A/D 转换均显示。

CP_1（10 脚）、CP_0（11 脚）：时钟振荡外接电阻端，典型值为 470kΩ。

V_{EE}（12 脚）：电路的电源最负端，接–5V。

V_{SS}（13 脚）：电源公共地（通常与 1 脚连接）。

EOC（14 脚）：转换结束信号。正在转换时为低电平，转换结束后输出一个正脉冲。

$\overline{OR}$（15 脚）：溢出信号输出，溢出（$|u_I|>V_{REF}$）时为 0。

$DS_1 \sim DS_4$（16～19 脚）：输出位选通信号，DS_1 对应于千位，DS_2 对应于百位，DS_3 对应于十位，DS_4 对应于个位。

$Q_0 \sim Q_3$（20～23 脚）：转换结果的 BCD 码输出端，可连接显示译码器。在 DS_2、

DS_3、DS_4 选通脉冲期间，输出三位完整的十进制数，在 DS_1 选通脉冲期间，输出千位 0 或 1 及过量程、欠量程和被测电压极性标志信号。

V_{DD}（24 脚）：正电源输入端，接+5V。

2．工作原理

MC14433 是双积分型的 A/D 转换器。双积分型的特点是线路结构简单，外接元件少，抗共模干扰能力强，但转换速度较慢。

MC14433 的逻辑部分包括时钟信号发生器、4 位十进制计数器、多路开关、逻辑控制器、极性检测器和溢出指示器等。时钟信号发生器由芯片内部的反相器、电容以及外接电阻 R_C 所构成。R_C 通常可取 750kΩ、470kΩ、360kΩ 等典型值，相应的时钟频率 f_0 依次为 50kHz、66kHz、100kHz。采用外部时钟频率时，不得接 R_C。计数器是 4 位十进制计数器，计数范围为 0～1999。锁存器用来存放 A/D 转换结果。

MC14433 输出为 BCD 码，4 位十进制数按时间顺序从 Q_0～Q_3 输出，DS_1～DS_4 是多路选择开关的选通信号，即位选通信号。当某一个 DS 信号为高电平时，相应的位被选通，此刻 Q_0～Q_3 输出的 BCD 码与该位数据相对应。

MC14433 具有自动调零、自动极性转换等功能，可测量正或负的电压值。它的使用调试简便，能与微处理机或其他数字系统兼容，广泛用于数字面板表，数字万用表，数字温度计，数字量具及遥测、遥控系统。

本 章 小 结

1．A/D 转换器是将模拟电压转换成与之成正比的二进制数字量，转换位数分别有 8 位、10 位、12 位、14 位等，位数越多，转换精度越高。

2．A/D 转换的过程分为采样-保持和量化与编码两步实现。采样-保持电路对输入模拟信号抽取样值，并展宽（保持）；量化是对脉冲值进行分级，编码是将分级后的信号转换成二进制代码。

3．并联比较型、逐次逼近型和双积分型 A/D 转换器各有特点，在不同的应用场合，应选用不同类型的 A/D 转换器。高速场合下可选用并联比较型 A/D 转换器；逐次逼近型的工作速度比并联比较型慢，属于中速 A/D 转换器，但由于电路简单，成本较低，因而被广泛使用；而双积分型 A/D 转换器的优点是工作稳定，抗干扰能力强，其缺点是转换速度慢，主要用于数字电压表等低速测试的场合。

习 题 8

一、选择题

8.1 将一个时间上连续变化的模拟量转换为时间上断续（离散）的模拟量的过程称为（　　）。
　　　A．采样　　　　　　　B．量化　　　　　　　C．保持　　　　　　　D．编码

8.2 用二进制码表示指定离散电平的过程称为（　　）。
　　　A．采样　　　　　　　B．量化　　　　　　　C．保持　　　　　　　D．编码

8.3 将幅值、时间上离散的阶梯电平统一归并到最邻近的指定电平的过程称为（　　）。
　　　A．采样　　　　　　　B．量化　　　　　　　C．保持　　　　　　　D．编码

8.4 若某 ADC 取量化单位 $\triangle=\frac{1}{8}V_{ref}$，并规定对于输入电压 u_I，在 $0 \leq u_I < \frac{1}{8}U_{ref}$ 时，认为输入的模拟电压为 0V，输出的二进制数为 000，则 $\frac{5}{8}V_{ref} \leq u_I < \frac{6}{8}U_{ref}$ 时，输出的二进制数为（   ）。

    A．001   B．101   C．110   D．111

8.5 以下 4 种转换器，（   ）是 A/D 转换器且转换速度最高。

    A．并联比较型   B．逐次逼近型   C．双积分型   D．施密特触发器

8.6 为使采样输出信号不失真地代表输入模拟信号，采样频率 f_s 和输入模拟信号的最高频率 f_{Imax} 的关系是（   ）。

    A．$f_s \geq f_{Imax}$ B．$f_s \leq f_{Imax}$ C．$f_s \geq 2f_{Imax}$ D．$f_s \leq 2f_{Imax}$

8.7 A/D 转换器的主要参数有（   ）转换精度和转换速度。

    A．分辨率   B．输入电阻   C．输出电阻   D．参考电压

二、判断题（正确的打√，错误的打×）

8.8 A/D 转换器的二进制数的位数越多，量化单位Δ越小。（   ）

8.9 在 A/D 转换过程中，必然会出现量化误差。（   ）

8.10 A/D 转换器的二进制数的位数越多，量化级分得越多，量化误差就可以减小到 0。（   ）

8.11 双积分型 A/D 转换器的转换精度高、抗干扰能力强，因此常用于数字式仪表中。（   ）

8.12 采样定理的规定，是为了能不失真地恢复原模拟信号，而又不使电路过于复杂。（   ）

三、计算题

8.13 若一理想的 3 位 ADC 满刻度模拟输入为 10V，当输入为 7V 时，求此 ADC 的数字输出量。

项目 9　锯齿波发生器的设计与制作

能力目标

（1）会正确使用集成电路 DAC0832、74LS161 和运算放大器 741。
（2）能完成锯齿波发生器的设计、组装和调试。

知识目标

了解 D/A 转换（数字信号转换为模拟信号）的基本原理和典型电路；掌握集成 D/A 转换器及其应用；掌握锯齿波发生器的电路组成与工作原理。

9.1 【工作任务】　锯齿波发生器的设计与制作

工作任务单

（1）小组制订工作计划。
（2）完成数字电压表的的逻辑电路设计。
（3）画出布线图。
（4）完成锯齿波发生器的电路所需元件的购买与检测。
（5）根据布线图制作锯齿波发生器。
（6）完成锯齿波发生器电路的功能检测和故障排除。
（7）通过小组讨论完成电路的详细分析及编写项目实训报告。
锯齿波发生器实物外形和电路原理图如图 9.1、图 9.2 所示。

1．实训目标

（1）掌握数/模转换的基本原理和工作过程。
（2）掌握 DAC0832 的各引脚功能和使用方法。

图 9.1　锯齿波发生器实物外形图

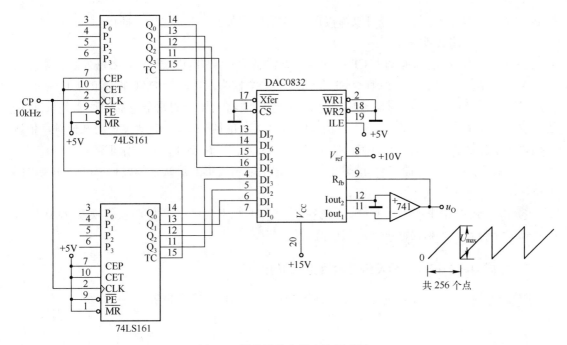

图 9.2　锯齿波发生器电路原理图

2．实训设备与器件

实训设备：数字电路实验装置 1 台、万用表、示波器、信号源、直流电源等。

实训器件：DAC0832 一片、运算放大器 741 一片、计数器 74LS161 两片、导线若干。

3．实训电路与说明

实训电路如图 9.2 所示。

图 9.2 是以 DAC0832 为核心组成的锯齿波发生器的电路原理图。两片 74LS161 构成了一个 8 位二进制计数器，随着计数脉冲的增加，计数器的输出状态在 00000000～11111111 之间变化。计满（11111111）时，又从 00000000 开始。DAC0832 将计数器输出的 8 位二进制信息转换为模拟电压（在电路中它的两个缓冲器都接成直通状态）。当计数器全为"1"时，输出电压 $u_o=U_{max}$；下一个计数脉冲，计数器全为"0"，输出电压 $u_o=0$。显然，计数器输出从 00000000 变到 11111111，数/模转换器就有 $2^8=256$ 个递增的模拟电压输出。用示波器观察到的输出波形就是如图 9.2 所示的锯齿波。

输出锯齿波的频率 f_o 和计数脉冲频率 f_{cp} 的关系为 $f_o=f_{cp}/256$。因为每隔 256 个 CP 脉冲，计数器从 00000000～11111111 变化一次，输出模拟电压就从 0 到 U_{max} 变化一次，所以两者具有上述关系。

外接的运放 741 将 DAC0832 转换后的电流输出转换为电压输出，输出电压与参考电压 V_{ref} 成正比。当升高 V_{ref} 时，锯齿波的幅值也随之增大，反之亦然。

4．实训电路的安装与调试

（1）安装。按正确方法插好 IC 芯片，参照图 9.2 所示连接线路。电路可以连接在自制的 PCB（印刷电路板）上，也可以焊接在万能板上，或通过"面包板"插接。

（2）调试。调式步骤如下：

① 在 74LS161 的脉冲输入 CP 端接信号源，将信号源的频率调为 10 kHz 左右，幅度大于 2 V。用示波器的一个探头测量 CP 信号，另一个探头依次测量 DAC0832 的 $DI_0 \sim DI_7$ 的波形（即计数器的 8 位二进制输出信号），观察示波器上显示的两个波形的频率关系。DI_0 信号波形的频率应为 CP 的二分频，DI_1 的频率为 CP 的四分频，DI_2 为 CP 的八分频，依次类推。如果测试正确，说明由两片 74LS161 构成的八位二进制计数器工作正常。

② 用示波器测量运放 741 的输出信号，记录输出波形的形状、频率和幅度。如果电路工作正常，其输出应为一个锯齿波。

③ 改变输入脉冲 CP 的频率，观察输出波形的频率变化；改变数/模转换器 DAC0832 第 8 脚 V_{ref} 的大小，观察输出波形的幅值变化情况。

5．完成电路的详细分析及编写项目实训报告

整理相关资料及数据，完成电路的详细分析及编写项目实训报告。

6．实训考核

锯齿波发生器的设计与制作工作任务过程考核表如表 9.1 所示。

表 9.1 锯齿波发生器的设计与制作工作任务过程考核表

项 目	内 容	配 分	考核要求	扣分标准	得 分
实训态度	1．实训的积极性； 2．安全操作规程的遵守情况； 3．纪律遵守情况	20 分	积极参加实训，遵守安全操作规程和劳动纪律，有良好的职业道德和敬业精神	违反安全操作规程扣 20 分，其余不达要求酌情扣分	
元器件的识别与检测	1．识别、清点所使用的元件； 2．检测其好坏和确认其功能	10 分	能正确识别和检测所使用的元件；能查阅资料以确定引脚功能	检测不正确每处扣 2 分	
电路的制作	1．安装图的绘制； 2．电路的安装	20 分	电路装接正确，且符合工艺要求	电路装接不规范，每处扣 1 分；电路接错扣 5 分	
电路的调试	按如上所述步骤，对电路进行调试	30 分	正确使用仪器、仪表，能查找并排除电路的故障，使电路正常工作	不能排除故障，每次扣 5 分	
电路故障的分析	按不同情况分析故障现象	20 分	能分析出电路故障产生的原因	分析不正确，每次扣 5 分	
合计		100 分			

思考

（1）图 9.2 中外接运放 741 在电路中起什么作用？

（2）怎样调节锯齿波的频率和幅值？

9.2 【知识链接】 数/模转换器（D/A 转换器）

D/A 转换器（DAC）的作用是把数字量转换成模拟量。而每一位数字量都具有一定的

"权"。因此将数字量的每一位代码按"权"的大小转换成相应的模拟量,将各位的模拟量相加,其总和就是与数字量成正比的模拟量。这就是实现 D/A 转换的基本思路。

9.2.1 权电阻网络 D/A 转换电路

如图 9.3 所示为四位权电阻网络 D/A 转换器电路图。

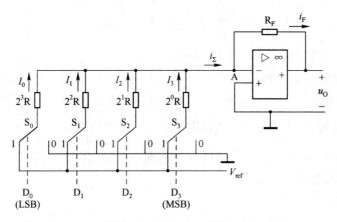

图 9.3 四位权电阻网络 D/A 转换器原理图

从图中看出,四位权电阻网络 D/A 转换器电路由 4 部分组成。

1. 参考电压 V_{ref}

它是一个基准电压源,要求精度高、稳定性好。

2. 电子模拟开关 $S_0 \sim S_3$

分别由输入的数字量 $D_0 \sim D_3$ 控制,当 D_i 为"1"时,开关 S_i 接通参考电压 V_{ref},反之当 D_i 为"0"时,开关 S_i 接地。

3. 权电阻

电阻网络的权电阻数量与输入数字量的位数相同,取值与二进制各位的权成反比,每降低一位,电阻值增加一倍。

4. 求运算放大器

各权电阻支路电流在运放中相加,通过 R_F 在输出端得到与输入数字信号成正比的模拟电压。

由原理图可知,求和运算放大器总的输入电流为:

$$i_\Sigma = I_0 + I_1 + I_2 + I_3 = \frac{V_{ref}}{2^3 R}D_0 + \frac{V_{ref}}{2^2 R}D_1 + \frac{V_{ref}}{2^1 R}D_2 + \frac{V_{ref}}{2^0 R}D_3$$

$$= \frac{V_{ref}}{2^3 R}(2^0 D_0 + 2^1 D_1 + 2^2 D_2 + 2^3 D_3) = \frac{V_{ref}}{2^3 R}\sum_{i=0}^{3} 2^i D_i$$

若运算放大器的反馈电阻 $R_F=R/2$，由于运算放大器的输入电阻无穷大，所以 $i_F=i_\Sigma$，则运算放大器的输出电压为：

$$u_O = -i_F R_F = -\frac{R}{2} \times \frac{V_{ref}}{2^3 R} \sum_{i=0}^{3} 2^i D_i = -\frac{V_{ref}}{2^4} \sum_{i=0}^{3} 2^i D_i$$

对于 n 位的权电阻 D/A 转换器，则有

$$u_O = -\frac{V_{ref}}{2^n} \sum_{i=0}^{n-1} 2^i D_i = -\frac{V_{ref}}{2^n} N$$

其中，N 值为二进制数字量所代表的十进制数。

由此可见，电路的输出电压与输入的数字量成正比。当输入的 n 位数字量全部为 0 时，输出的模拟电压为 0；当输入的数字量 n 位全为 1 时，输出的模拟电压为 $-V_{ref}\left(1-\frac{1}{2^n}\right)$。所以，输出电压的取值范围为 $0 \sim -V_{ref}\left(1-\frac{1}{2^n}\right)$。

例 9.1 有一个 6 位的 D/A 转换器，基准电压为 10V，若向转换器中输入数字为 101001，求输出的模拟电压。

解：由公式得：

$$u_O = -\frac{V_{ref}}{2^n} N = -\frac{10}{2^6} \times (1 \times 2^5 + 1 \times 2^3 + 1 \times 2^0) = -6.41V$$

权电阻网络 D/A 转换器的优点是电路结构简单，各位数字量同时进行转换，速度较快。缺点是构成网络的电阻取值太宽，如 8 位 DAC，若最小权电阻为 R，则最大权电阻为 $128R$，相差 128 倍。要想在集成电路中保证各权电阻的精度十分困难，故此电路应用不广泛。

9.2.2 R-2R 倒 T 形电阻网络 D/A 转换电路

4 位的倒 T 形电阻网络 D/A 转换电路如图 9.4 所示，它克服了权电阻网络 D/A 转换电路的缺点，电阻网络只有 R 和 2R 两种电阻，但电阻的个数却增加了一倍。由于它便于集成，所以成为使用最多的一种 D/A 转换电路。

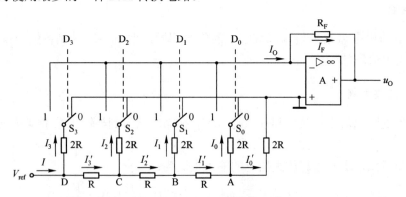

图 9.4 4 位倒 T 型电阻网络 D/A 转换电路

电路结构也由 4 部分组成：

（1）作为基准的参考电压源 V_{ref}。

（2）电子模拟开关 $S_0 \sim S_3$。

（3）R-2R 电阻解码网络。

（4）求和放大器。

该电路用 R 和 2R 两种阻值的电阻连接成倒置 T 形结构，因而称为倒置 T 形电阻网络。

当输入的数字信号 $D_0 \sim D_3$ 的任何一位为 1 时，对应的开关将电阻 2R 接到放大器的输入端；当它为 0 时，则对应的开关将电阻 2R 接地。因此，无论输入数字量是 0 还是 1，2R 电阻都可视为是接地的，各支路的电流与开关位置无关，始终保持不变。

不难发现，从各节点 A、B、C、D 向右看，对地的等效电阻均为 R。因此，从基准电压源 V_{ref} 流出的总电流 I 是恒定的，其值为为 $I = \dfrac{V_{\text{ref}}}{R}$，且每经过一个节点，电流被分流一半，即：

$$I_3 = I_3' = \frac{1}{2}I = \frac{V_{\text{ref}}}{2R}$$

$$I_2 = I_2' = \frac{1}{4}I = \frac{V_{\text{ref}}}{4R}$$

$$I_1 = I_1' = \frac{1}{8}I = \frac{V_{\text{ref}}}{8R}$$

$$I_0 = I_0' = \frac{1}{16}I = \frac{V_{\text{ref}}}{16R}$$

流向运算放大器反相输入端的电流为：

$$I_O = I_3 D_3 + I_2 D_2 + I_1 D_1 + I_0 D_0 = \frac{V_{\text{ref}}}{2^4 R}(2^3 D_3 + 2^2 D_2 + 2^1 D_1 + 2^0 D_0) = \frac{V_{\text{ref}}}{2^4 R}N$$

其中，N 为输入四位二进制数字量所对应的十进制数。

输出电压为：

$$u_O = I_F D_F = -I_O R_F = \frac{V_{\text{ref}}}{2^4 R}R_F N$$

若取 $R = R_F$，则输出的模拟电压为：

$$u_O = -\frac{V_{\text{ref}}}{2^4 R}N$$

对于 n 位倒置 T 形电阻网络 DAC，其输出的模拟电压为：

$$u_O = -\frac{V_{\text{ref}}}{2^n}N$$

可见，DAC 输出的模拟电压正比于输入的数字信号。

例 9.2 已知倒置 T 形电阻网络 DAC 的 $R_F = R$，$V_{\text{ref}} = 20\text{V}$，试分别求出 8 位 DAC 的最小（最低位为 1 时）输出电压 $u_{O\min}$ 和最大输出电压 $u_{O\max}$。

解： 由公式：$u_O = -\dfrac{V_{\text{ref}}}{2^n}N$

得到八位 DAC 的最小输出电压为：

$$u_{O\min} = -\frac{20}{2^8} \times 1 = 0.08(\text{V})$$

当数字量各位均为 1 时输出电压最大，故 8 位 DAC 的最大输出电压为：

$$u_{O\max} = -\frac{20}{2^8} \times (2^8 - 1) = 19.92(\text{V})$$

9.2.3 D/A 转换器的主要技术指标

1．分辨率

分辨率通常指分辨输出的最小电压与最大电压之比，即 n 位的 D/A 转换器分辨率为：

$$\text{分辨率} = \frac{1}{2^n - 1}$$

显然，n 越大，D/A 转换器分辨最小电压的能力越强，可达到的精度越高，所以也用输入数码的位数来表示分辨率。如 V_{ref} =10V，8 位的 D/A 转换器的分辨率为 0.004（或为 8 位），分辨输出最小电压为 40mV；而 10 位的 D/A 转换器的分辨率为 0.001（或为 10 位），分辨输出最小电压为 1mV。

2．转换精度

D/A 转换器的转换精度是指实际输出电压与理论输出电压之间的偏离程度。通常用最大误差与满量程输出电压之比的百分数表示。

转换精度一般是指最大的静态误差。它是各种误差综合效应产生的总误差，包括基准电压 V_{ref} 和运算放大器的漂移误差、比例系数误差以及非线性误差等。另外它还与分辨率有关。因此为了获得高精度的 DAC，单纯选用高分辨率的 DAC 器件是不够的，还必须采用高稳定性的 V_{ref} 和低漂移的运算放大器。

3．线性度

反映 DAC 实际转换曲线相对于理想转换直线的最大偏差，通常以占满量程的百分数表示。

4．输出建立时间

输出建立时间又称为转换时间，是指输入数字信号起，到输出电流或电压达到稳态值所需要的时间。输出建立时间一般为几纳秒到几微秒。

9.2.4 8 位集成 DAC 芯片 DAC0832

1．DAC0832 内部结构

DAC0832 的逻辑功能框图和引脚排列如图 9.5 所示。它由 8 位输入寄存器、8 位 DAC 寄存器和 8 位乘法 DAC 组成。8 位乘法 DAC 由倒梯形电阻网络和电子开关组成。DAC0832 采用 20 只引脚双列直插封装，引脚排列如图 9.5（b）所示。

2．DAC0832 引脚功能说明

DAC0832 引脚功能说明如下。

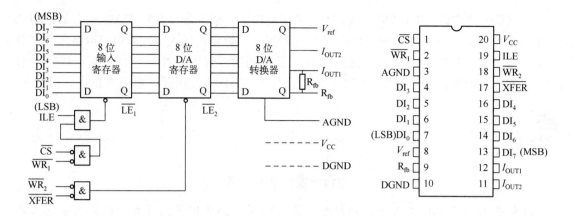

(a) DAC0832 结构框图　　　　　　　　　(b) DCA0832 引脚图

图 9.5　DAC0832 结构框图和引脚图

$\overline{C}_S$：为片选信号输入，低电平有效。

$\overline{WR_1}$：为写信号 1 输入端，低电平有效，该信号用于控制把外部数据写入输入寄存器中。

$\overline{WR_2}$：为写信号 2 输入端，低电平有效。

AGND、DGND：分别为模拟地和数字地，应连在一起。

$D_0 \sim D_7$：为 8 位数字数据输入端。

V_{ref}：为基准电压输入端，电压范围为 –10～+10V。

R_{fb}：为反馈电阻引出端。

I_{01}：为电流输出 1 端，在 DAC 的电流输出转换为电压输出时，该端应和运放的反相端一起连接。

I_{02}：为电流输出 2 端，在 DAC 的电流输出转换为电压输出时，该端应和运放的同相端一起接地。

$\overline{X}_{FER}$：为传送控制信号输入端，低电平有效。

ILE：为输入寄存器允许信号端，高电平有效。

V_{CC}：为电源电压，范围为+5～+15V，+15V 最佳。

3．DAC0832 的工作方式

DAC0832 有三种工作方式：直通方式、单缓冲方式、双缓冲方式。

（1）直通方式。在直通方式下输入寄存器和 DAC 寄存器处于不锁存（直通）状态。此时，输入数字量可直接送入 D/A 转换器转换并输出。该方式适用于输入数字量变化缓慢的场合。

当输入数据变化速度较快，或系统中有多个设备共用数据线时，为保证 D/A 转换器工作正常，需要对输入数据进行锁存。

（2）单缓冲方式。单缓冲方式是在输入数字量送入 D/A 转换器进行转换的同时，将该数字量锁存在 8 位输入寄存器中，以保证 D/A 转换级输入稳定，转换正常。这种方式只需执行一次写操作，即可完成 D/A 转换。该方式适用于不需要多个模拟量同时输出。

（3）双缓冲方式。DAC0832 包含两个数字寄存器：输入寄存器和 DAC 寄存器，因此称为双缓冲。这是不同于其他 DAC 的显著特点，即数据在进入倒梯形电阻网络之前，必须经过两个独立控制的寄存器。这对使用者是有利的。首先，在一个系统中，任何一个 DAC 都可以同时保留两组数据，其次，双缓冲允许在系统中使用任何数目的 DAC。

 小知识

锯齿波发生器的应用

在电子工程、通信工程、自动控制、遥测控制、测量仪器、仪表和计算机等技术领域，经常需要用到锯齿波发生器。随着集成电路的迅速发展，用集成电路可很方便地构成锯齿波发生器，其波形质量、幅度和频率稳定性等都能达到较高的性能指标。

锯齿波和正弦波、矩形波、三角波都是常用的基本测试信号。在示波器、电视机等仪器中，为了使电子按照一定规律运动，以利用荧光屏显示图像，常用到锯齿波发生器作为时基电路。例如，要在示波器荧光屏上不失真地观察到被测信号波形，要求在水平偏转板加上随时间作线性变化的电压——锯齿波电压，使电子束沿水平方向匀速搜索荧光屏。而电视机中显像管荧光屏上的光点，是靠磁场变化进行偏转的，所以需要用锯齿波电流来控制。因此，锯齿波在实际中有广泛的应用。

本 章 小 结

1. D/A 转换器是将输入的二进制数字量转换成与之成正比的模拟电量，转换位数分别有 8 位、10 位、12 位、14 位、24 位等，位数越多，则转换精度越高。

2. 实现数模转换有多种方式，常用的是有权电阻网络和 R-2R 倒 T 形电阻网络 D/A 转换器，其中的 R-2R 倒 T 形电阻网络 D/A 转换器速度快，性能好，适合于集成工艺制造，因而被广泛应用。

3. 电阻网络 D/A 转换器的转换原理都是把输入的数字量转换为权电流之和，所以在应用时，要外接求和运算放大器，把电阻网络的输出电流转换成输出电压。

习 题 9

一、选择题

9.1 一个无符号 8 位数字量输入的 DAC，其分辨率为（　　）位。
  A. 1   B. 3   C. 4   D. 8

9.2 一个无符号 10 位数字输入的 DAC，其输出电平的级数为（　　）。
  A. 4   B. 10   C. 1024   D. 210

9.3 一个无符号 4 位权电阻 DAC，最低位处的电阻为 40kΩ，则最高位处电阻为（　　）。
  A. 4kΩ   B. 5kΩ   C. 10kΩ   D. 20kΩ

9.4 4 位倒 T 形电阻网络 DAC 的电阻网络的电阻取值有（　　）种。

　　　　A．1　　　　　　B．2　　　　　　C．4　　　　　　D．8

9.5　8位D/A转换器当输入数字量只有最低位1时，输出电压为0.02V，若输入数字量只有最高位为1时，则输出电压为（　　）V。

　　　　A．0.039　　　　B．2.56　　　　C．1.27　　　　D．都不是

9.6　在8位D/A转换器中，其分辨率是（　　）。

　　　　A．1/8　　　　　B．1/256　　　　C．1/255　　　　D．1/2

9.7　D/A转换器的主要参数有（　　）、转换精度和转换速度。

　　　　A．分辨率　　　　B．输入电阻　　　　C．输出电阻　　　　D．参考电压

二、判断题（正确的打√，错误的打×）

9.8　权电阻网络D/A转换器的电路简单且便于集成工艺制造，因此被广泛使用。（　　）

9.9　D/A转换器的最大输出电压的绝对值可达到基准电压V_{ref}。（　　）

9.10　D/A转换器的位数越多，能够分辨的最小输出电压变化量就越小。（　　）

9.11　D/A转换器的位数越多，转换精度越高。（　　）

三、计算题

9.12　求在6位倒置T形D/A转换器中，$R=R_{\text{F}}=10\text{k}\Omega$，$V_{\text{ref}}=10\text{V}$，当开关变量分别为100100、110001时的输出电压值。

9.13　4位倒置T形D/A转换器中，$R=R_{\text{F}}$时，试求输出电压的取值范围；若要求电路输入数字量为1000时输出电压为5V，试问V_{ref}应取何值？

附　　录

附录 A　74 系列集成芯片型号、名称对照表

型　号	名　　称	型　号	名　　称
00	四二输入与非门	40	四输入端与非缓冲器
01	四二输入与非门（o.c）	42	BCD 十进制译码器
02	四二输入或非门	43	余三码十进制译码器
03	四二输入与非门（o.c）	44	余三码十进制译码器
04	六反相器	45	BCD 十进制译码驱动器
05	六反相器（o.c）	47	BCD 七段译码驱动器
06	六反相器缓冲器/驱动器（o.c）	48	BCD 七段译码驱动器
07	缓冲器/驱动器	49	BCD 七段译码驱动器
08	四二输入与门	50	二二输入端双与或非门
09	四二输入与门（o.c）	51	双二与二或非门
10	三三输入与非门	53	四组输入与或非门（可扩展）
11	三三输入与门	54	四组输入与或非门
12	三三输入与非门（o.c）	55	4-4 输入与二或非门
13	双四输入与非门（施密特触发器）	58	高速逻辑与或门
14	六反相器（（施密特触发器）	60	双四输入端扩展器
15	三三输入与门（o.c）	64	4-2-3-3 输入 4 与或非门
16	六反向缓冲器/驱动器（o.c）	72	J-K 触发器（带预置清除）
17	六正向缓冲器/驱动器（o.c）	73	双 J-K 触发器（带清除端）
18	双四输入与非门（施密特）	74	双 D 型触发器
20	双四输入与非门	75	四位双稳锁存器
21	双四输入与门	76	双 J-K 触发器（预置清除端）
22	双四输入与非门（o.c）	77	四位双稳锁存器
23	带扩展双四输入或非门	78	双 J-K 触发器（带预置）
25	双四输入或非门（带选通）	83	四位全加器（快速进位）
26	四二输入与非门（o.c）	85	四位幅度比较器
27	三三输入或非门	86	异或门
28	四输入端或非缓冲器	89	16 * 4 位 RAM
30	八输入端与非门	90	四位十进制波动计数器
32	四二输入或门	91	八位串入串出移位寄存器
33	四输入端或非缓冲器（o.c）	92	模 12 计数器（异步）
37	四输入端与非缓冲器	93	四位二进制计数器（异步）
38	四输入与非门缓冲器（o.c）	95	四位移位寄存器

续表

型号	名称	型号	名称
96	五位移位寄存器	161	四位二进制计数器
107	双 J-K 触发器（带清除）	162	BCD 十进制计数器（异步清零）
109	双 J-K 正沿触发器（带预置清除）	163	四位二进制计数器（同步清零）
112	双 J-K 负沿触发器（带预置清除）	164	八位串入并出移位寄存器
113	双 J-K 负沿触发器（带预置）	165	八位串/并入串出移位寄存器
114	双 J-K 负沿触发器（带预置，共清零，共时钟）	166	八位串/并入串出移位寄存器
116	双四位锁存器	168	BCD 十进制可逆计数器
121	单稳态多谐振荡器	169	BCD 十进制可逆计数器
122	单稳态多谐振荡器（可再触发）	170	4×4 位寄存器堆（o.c）
123	双稳态多谐振荡器（可再触发）	173	4D 触发器（三态）
124	双压控振荡器	174	6D 触发器（补码输出共清零）
125	四三态缓冲器（E 控）	175	4D 触发器（补码输出共清零）
126	四三态缓冲器（E 控）	176	异步可预置十进制计数器
128	四二输入或非缓冲器	180	九位奇偶校验器
132	四二输入与非缓冲器（施密特）	181	四位算术逻辑单元
133	13 输入与非门	182	超前进位发生器
134	12 输入与非门（三态）	183	双全加器（快速进位）
135	四异或/异或非门	188	32×8 PROM
136	四二异或门（o.c）	190	BCD 十进制同步可逆计数器（可预置）
137	地址锁存 3-8 线译码器	191	四位二进制同步可逆计数器（可预置）
138	3 线-8 线译码器	192	同步 BCD 十进制可逆计数器（双时钟可预置带清零）
139	双四选一多路解码器	193	同步四位二进制可逆计数器（双时钟可预置带清零）
140	双四输入与非门/50Ω驱动器	194	四位双向通用移位寄存器
141	BCD-十进制译码器/驱动器（串并同步操作）	195	四位通用移位寄存器
143	计数器/锁存器/译码器/驱动器	196	异步可预置十进制计数器
145	BCD-十选一译码器/驱动器	197	异步可预置四位二进制计数器
147	10-4 线优先编码器	198	八位双向通和移位寄存器
148	8-3 线优先编码器	199	八位双向通用移位寄存器
150	16 输入多路器	221	双单稳多谐振荡器（施密特输入）
151	八选一数据选择器	228	16×4 位字 10 线先入先出存储器
152	八选一数据选择器（反码输入）	237	3-8 线译码器（带锁存）
153	双四选一数据选择器	238	四位二进制全加器/信号分离器
154	16 选一译码多路解码器	240	八缓冲器（反码三态）
155	双 2-4 线译码器多路解码器	241	八缓冲器（原码三态）
156	双 2-4 线译码器多路解码器（o.c）	242	四总线收发器（原码三态）
157	四 2 选 1 数据选择器（原码）	243	四总线收发器（原码三态）
158	四 2 选 1 数据选择器	244	八缓冲器（原码三态）
159	4-16 线译码（o.c）	245	八总线收发器（原码三态）
160	BCD 十进制计数器（异步清零）	247	BCD 七段译码驱动器

续表

型号	名称	型号	名称
248	BCD 七段译码驱动器	385	四串行加法器/减法器
249	BCD 七段译码驱动器	386	四-二输入异或门
251	8 通路多路开关（原码和反码三态输）	387	双十进制计数器
253	双四通道多路开关（三态）	390	双十进制计数器
256	双四位可编址锁存器	393	双四位二进制计数器
257	四二选一数据选择器（原码三态输出）	395	四位通用移位寄存器（三态）
258	四二选一数据选择器（反码三态输出）	398	四二输入多路开关（带存储，双路输出）
259	八位可编址锁存器	399	四二输入多路开关（带存储，双路输出）
260	双五输入或非门	490	双十进制计数器
261	2×4 位平行二进制多路器	521	八位运算功能比较器
266	二输入四异或非门（o.c）	533	八位锁存器（三态反相）
273	八 D 触发器（公共时钟，单输出带清零）	541	八缓冲器/驱动器（三态共时钟）
279	四位可预置锁存器	534	型号种类单价名称
280	九位奇偶校验器	540	八位边缘触发器（反相三态）
283	四位二进制全加器（快进位）	568	八缓冲器/驱动器
284	二进制并行输入 4×4 多路开关	569	四位 BCD 双向计数器（三态）
285	4×4 并行二进制乘法器	573	四位可预置二进制退计数器（三态）
290	十进制计数器（2 分频和 5 分频）	574	八位 D 型透明锁存器（三态）
293	四位二进制计数器（2 分频和 8 分频）	575	八位 D 型触发器（三态非反相）
295	四位双向通用移位寄存器（三态）	620	八位 D 型边缘触发器（三态）
298	四-2 输入多路开关（带存储）	621	八总线收发器（存储，三态）
299	八位双向通用移位/存储寄存器（三态）	622	八总线收发器（存储，o.c）
322	八伙移位寄存器（带信号扩展）	623	八总线收发器（存储，o.c）
323	八位双向移位/存储寄存器（三态）	629	八总线收发器（存储，o.c）
350	四位移相器（2 位选码选择移数数据 1，2 或 3 位）	640	电压控制振荡器
352	双 4-1 线数据选择器/多路开关（LS153 反相型）	641	八反相总线收发器（三态）
353	双 4-1 线数据选择器/多路开关（LS253 反相型）	642	八非反相总线收发器（o.c）（带存储，单路输出
356	六总线驱动器（非反相数据输出，门控允许输入，三态输出）	643	八反相总线收发器（o.c）
366	六总线驱动器（非反相数据输出，门控允许输入，三态输出）	644	八总线收发器（正向，反向，三态）
367	六总线驱动器（非反相数据输出，四线和二级输入三态输出）	645	八总线收发器（正向，反向，o.c）
368	六总线驱动器（三态输出）（16×4 位 o.c）	646	八非反相总线收发器（三态）
373	八 D 锁存器（三态输出，共输出，共允许）	668	八总线收发器多路开关（三态）
364	八 D 锁存器（三态输出，共输出，共时钟）	669	四位同步可逆十进制计数器
375	四位双稳态锁存器	670	四位同步可逆二进制计数器
377	八 D 触发器（单输出，共允许，共时钟）	688	4×4 位寄存器
378	六 D 触发器（单输出，共允许，共时钟）	716	八位置值比较器
379	四 D 触发器（双路输出，共允许）	718	可编程 N 进制计数器（N:2）
380	多路寄存器	797	可编程 N 进制计数器（N:0～15）
381	算术逻辑单元/功能发生器（八个二进制功能）	798	八缓冲器（三态）
382	算术逻辑单元/功能发生器		

附录 B 常见集成芯片管脚图

1. 四-2 输入逻辑门

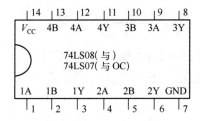

2. 四-2 输入逻辑门

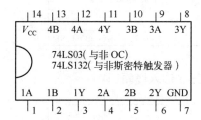

3. 四-2 输入逻辑门

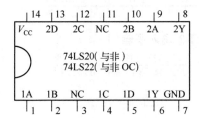

4. 四-2 输入逻辑门

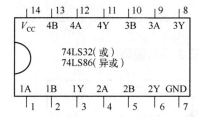

5. 二-4 输入逻辑门

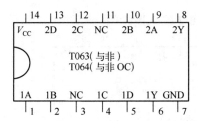

6. 二-4 输入逻辑门

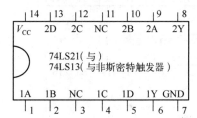

7. 二-4 输入逻辑门

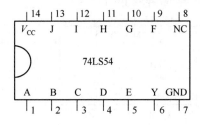

8. 四-2 输入或非门

9. 4 路 2-3-3-2 输入与或非门

10. 2 路 3-3、2 路 2-2 输入与或非门

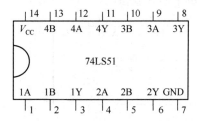

11. 四-2 输入逻辑门

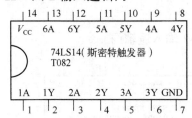

12. 六反相器

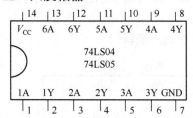

13. 三-3 输入逻辑门

14. 三-3 输入逻辑门

15. 三-3 输入逻辑门

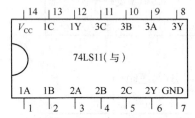

16. 4 路 4-2-3-2 输入与或非门

17. 四-2 输入逻辑门

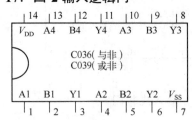

18. 四-2 输入逻辑门

19. 四-2 输入逻辑门

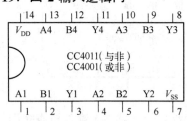

20. 四-2 输入逻辑门

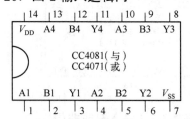

21. 四-2 输入逻辑门

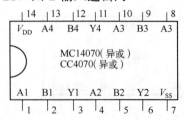

22. 四异或/异或非门

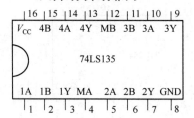

23. 12 输入与非门（三态）

25. 计数/锁存/7 段译码/驱动器
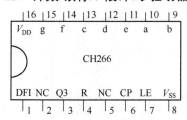

27. 3 线-8 线译码器
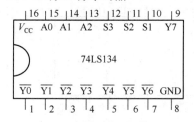

29. 4 线-7 段译码/驱动器
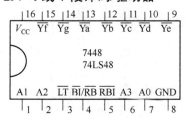

31. 4 线-7 段译码/驱动器

33. 4 线-10 线译码/驱动器
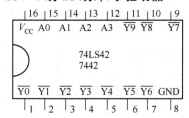

24. 计数/锁存/7 段译码/驱动器
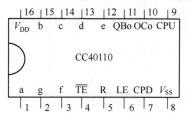

26. 4 线-7 段译码/驱动器
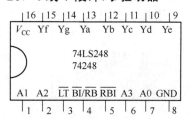

28. 计数/锁存/7 段译码/驱动器
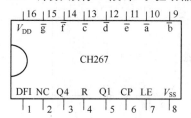

30. 4 线-7 段译码/驱动器
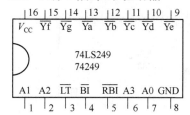

32. 3 线-8 线译码器
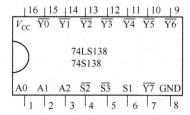

34. 4 线-10 线译码/驱动器
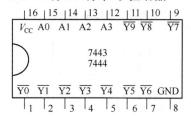

35．4 线-10 线译码/驱动器

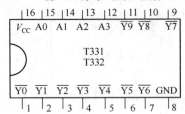

36．4 线-10 线译码/驱动器

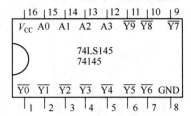

37．BCD-7 段译码/大电流驱动器

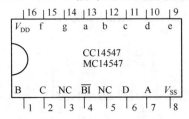

38．BCD 码-10 进制译码器

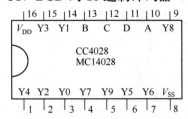

39．BCD 码-10 进制译码器

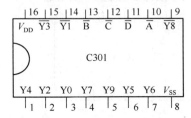

40．BCD-锁存/7 段译码/驱动器

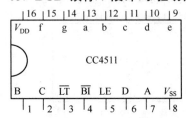

41．8 线-3 线优先编码器

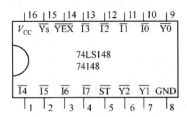

42．8 线-3 线优先编码器

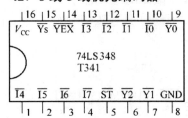

43．BCD-7 段译码/液晶驱动器

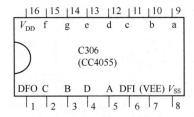

44．BCD 码-锁存/7 段译码/驱动器

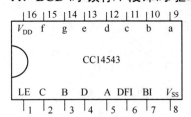

45．10 线-4 线优先编码器

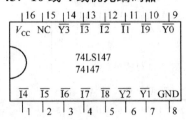

46．10 线-4 线优先编码器

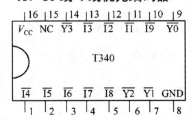

47. 4线-16线译码器

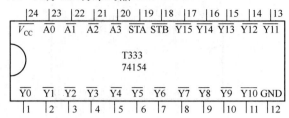

48. 4线-7线译码/驱动器

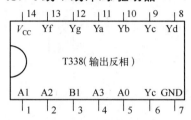

49. 4线-7线译码/驱动器

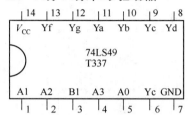

50. 10线-4线编码器

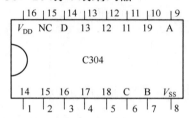

51. J-K边沿触发器

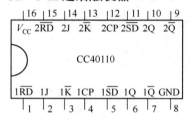

52. 主从J-K触发器

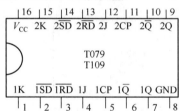

53. 主从J-K触发器

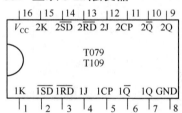

54. 边沿J-K触发器

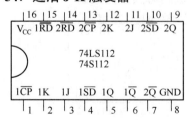

55. 主从J-K触发器（双）

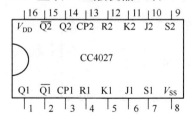

56. 四-2输入逻辑门

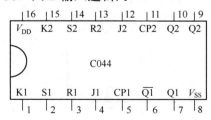

57. 单J-K触发器

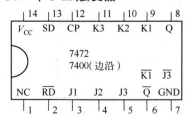

58．单 J-K 触发器

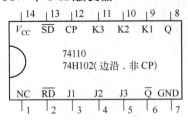

59．维阻 D 触发器

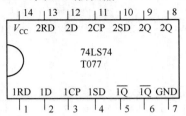

60．主从 J-K 触发器（单）

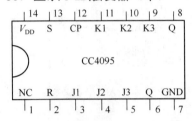

61．主从 J-K 触发器（单）

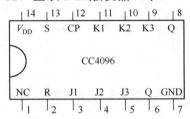

62．主从 D 触发器

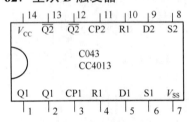

63．二-五-十进制计数器

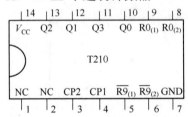

64．同步加/减计数器

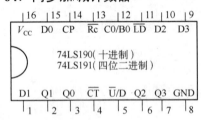

65．三-五-十进制计数器

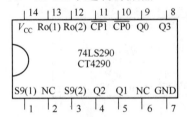

66．多进制可预置计数器

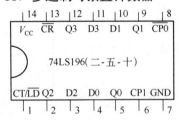

67．多进制可预置计数器

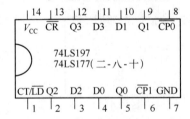

68．4 位二进制计数器（双）

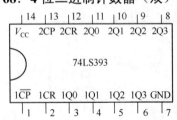

69．7 位二进制计数器

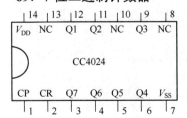

70. 同步计数器

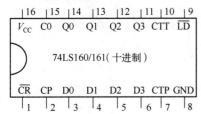

71. 同步计数器

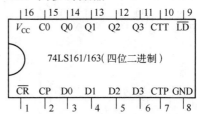

72. 同步加/减计数器

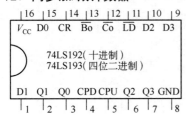

73. 12位二进制计数器/分频器

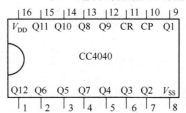

74. 同步加/减计数器

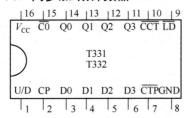

75. 14位二进制计数器/分频器

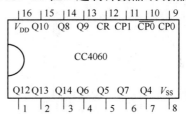

76. 二-十六任意进制计数器

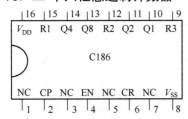

77. 同步加计数器

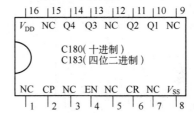

78. 同步加/减计数器

79. 加/减计数器

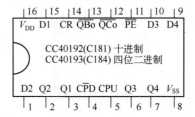

80. 加计数器

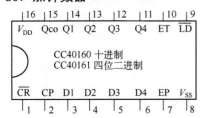

81. 十进制计数器/分配器

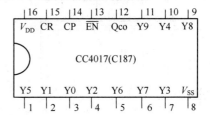

82. 八进制计数器/分配器

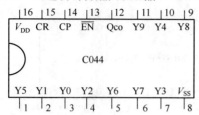

84. 双进位保留全加器

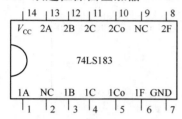

86. 9 位奇偶产生器/校验器

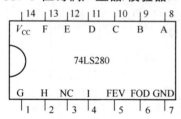

88. 四位全加器

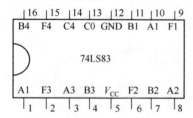

90. NBCD 加法器

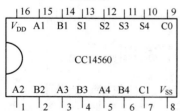

92. 八选一数据选择器

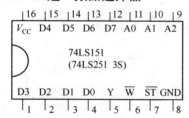

83. 四位二进制超前进位全加器

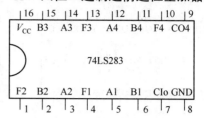

85. 9 位奇偶产生器/校验器

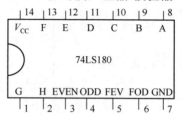

87. 四位超前进位全加器

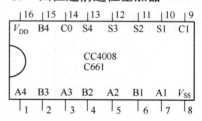

89. 双全加器

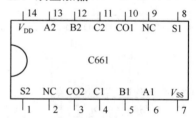

91. 双四路数据选择器

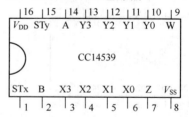

93. 八选一数据选择器（反码输出）

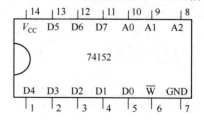

94．双单稳态触发器
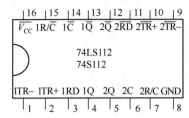

95．双四选一数据选择器
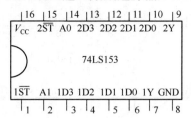

96．双可重触发稳态触发器
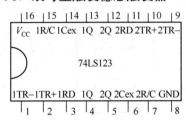

97．双单稳态触发器
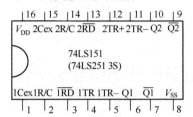

98．单稳态触发器
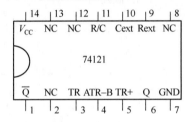

99．可重触发单稳态触发器
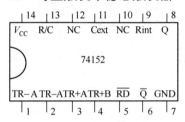

100．BCD 求反器
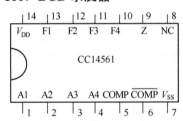

101．双定时器
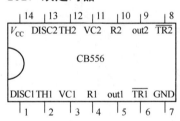

102．超前进位产生器
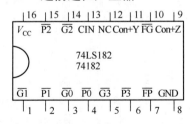

103．4 线-16 线译码器
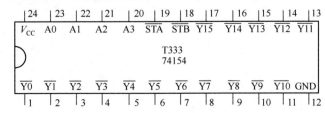

104. 四位算术逻辑单元/函数产生器

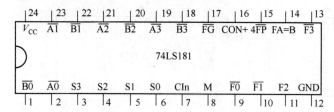

105. 四位算术逻辑单元/函数产生器

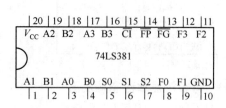

106. 七段字型显示器 LT-547R

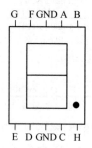

参 考 文 献

1. 中国集成电路大全编写委员会. 中国集成电路大全. 北京：国防工业出版社，1985
2. 黄永定. 电子实验综合实训教程. 北京：机械工业出版社，2004
3. 石小法. 电子技能与实训. 北京：高等教育出版社，2002
4. 卢庆林. 数字电子技术基础实验与综合训练. 北京：高等教育出版社，2004
5. 韦鸿. 电子技术基础. 北京：电子工业出版社，2007
6. 李传珊. 新编电子技术项目教程. 北京：电子工业出版社，2005
7. 唐颖. 电子技术技能与实训. 重庆：重庆大学出版社，2006
8. 刘守义. 数字电子技术. 西安：西安电子科技大学出版社，2003
9. 梅开乡. 数字逻辑电路. 北京：电子工业出版社，2006
10. 王键. 电子技能实训教程. 北京：机械工业出版社，2008

反侵权盗版声明

电子工业出版社依法对本作品享有专有出版权。任何未经权利人书面许可，复制、销售或通过信息网络传播本作品的行为；歪曲、篡改、剽窃本作品的行为，均违反《中华人民共和国著作权法》，其行为人应承担相应的民事责任和行政责任，构成犯罪的，将被依法追究刑事责任。

为了维护市场秩序，保护权利人的合法权益，本社将依法查处和打击侵权盗版的单位和个人。欢迎社会各界人士积极举报侵权盗版行为，本社将奖励举报有功人员，并保证举报人的信息不被泄露。

举报电话：（010）88254396；（010）88258888
传　　真：（010）88254397
E-mail：dbqq@phei.com.cn
通信地址：北京市海淀区万寿路 173 信箱
　　　　　电子工业出版社总编办公室
邮　　编：100036

《数字电子技术项目教程(第 3 版)》读者意见反馈表

尊敬的读者:

  感谢您购买本书。为了能为您提供更优秀的教材,请您抽出宝贵的时间,将您的意见以下表的方式(可从 http://www.huaxin.edu.cn 下载本调查表)及时告知我们,以改进我们的服务。对采用您的意见进行修订的教材,我们将在该书的前言中进行说明并赠送您样书。

姓名:_____ 电话:_____
职业:_____ E-mail:_____
邮编:_____ 通信地址:_____

1. 您对本书的总体看法是:
  □很满意 □比较满意 □尚可 □不太满意 □不满意
2. 您对本书的结构(章节):□满意 □不满意 改进意见_____
_____
_____

3. 您对本书的例题:□满意 □不满意 改进意见_____
_____
_____

4. 您对本书的习题:□满意 □不满意 改进意见_____
_____
_____

5. 您对本书的实训:□满意 □不满意 改进意见_____
_____
_____

6. 您对本书其他的改进意见:
_____
_____
_____

7. 您感兴趣或希望增加的教材选题是:
_____
_____
_____

请寄: 100036 北京市万寿路 173 信箱职业教育分社 陈晓明 收
电话:010-88254575 E-mail:chxm@phei.com.cn